AF546971

Klaus Jadatz

Der moderne Gebrauchshund

Zeitgemäße Ausbildung für Schutzdienst, Fährte, Unterordnung

5. Auflage

Oertel+Spörer

Bildnachweis
Titelbild: Ute Hildenbrand, Ute Weinmann (kleines Bild links), Dr. Gabriele Lehari (kleines Bild rechts)
Innenteilbilder: Sporthund GmbH S. 28 (5), 29, 51 (4), 115 (6), 116 (6), 117 (5), 118 (3), 154 (2), 155, 159 (2); Ute Hildenbrand S. 112, 148, 150; Ute Weinmann S. 26; Dr. Gabriele Lehari S. 11, 32, 50, 58, 92, 104, 111.
Alle anderen Bilder sind von Silla und Klaus Jadatz.

Grafiken: Klaus Jadatz

Haftungsausschluss
Die Hinweise in diesem Buch wurden vom Autor sorgfältig recherchiert und geprüft. Es können jedoch keinerlei Garantien übernommen werden. Eine Haftung des Autors, des Verlags und seiner Beauftragten für Personen-, Sach- und Vermögensschaden ist ausgeschlossen. Sämtliche Teile des Werks sind urheberrechtlich geschützt. Jede Verwertung außerhalb der engen Grenzen des Urheberrechtsgesetzes ist ohne die schriftliche Zustimmung des Verlags und des Autors unzulässig und strafbar. Dies gilt insbesondere für Vervielfältigungen, Übersetzungen, Mikroverfilmungen und die Einspeicherung und Verarbeitung in elektronischen Systemen.

Bibliografische Information der Deutschen Nationalbibliothek
Die Deutsche Nationalbibliothek verzeichnet diese Publikation in der Deutschen Nationalbibliografie; detaillierte bibliografische Daten sind im Internet über http://dnb.d-nb.de abrufbar.

5. Auflage 2023
Postfach 16 42 · 72706 Reutlingen

Lektorat: Dr. Gabriele Lehari
DTP und Repro: raff-digital gmbh, Riederich
Druck und Einband: Finidr, s.r.o

ISBN 978-3-88627-856-5

Inhalt

Einführung

Liebe Hundesportfreunde,

der Gebrauchshundesport hat sich in den letzten Jahren rasant und positiv entwickelt. Die Ausbildungsmethoden sind hundefreundlich und gesellschaftsfähig, die einzelnen Arbeitsschritte wesentlich verfeinert worden. Der Gebrauchshundesport bietet dem Hund und dem Hundesportler wie kein anderer Sport eine Vielzahl an Möglichkeiten der Ausbildung und Auslastung.

Hundesportler wie Knut Fuchs, Peter Scherk, Florian Knabl, Milan Hoyer, Marco Dreyer und einige mehr prägen heute mit ihren Seminaren und Leistungen bei den Veranstaltungen auf höchstem Niveau im Gebrauchshundesport das Idealbild der Ausbildung und Vorführung.

Leider fehlen in vielen Vereinen die entsprechend ausgebildeten Trainer. Es gibt mehrere Möglichkeiten und Methoden, einem Hund die einzelnen Übungen verständlich zu machen. Entscheiden Sie selbst, welchen Weg und wohin Sie gehen möchten.

Dieses Buch soll ein Leitfaden für die Basis sein. Es bietet sowohl dem Anfänger als auch dem Fortgeschrittenen nützliche Tipps und Anregungen für die Ausbildung und die Korrektur des Hundes. Die Übungen sind nach dem Prinzip „fehlerfreier Aufbau“ gestaltet. Sollten Fehler bei der Ausbildung auftreten, gehen Sie bitte wieder einen oder mehrere Schritte zurück, um zu erkennen, an welcher Stelle Ihr Hund die Übung nicht verstanden hat. Einfach und verständlich geschrieben werden die einzelnen Schritte in Wort und Bild dargestellt. Lassen Sie sich von der Einfachheit und Effizienz dieses Buches überzeugen und für den modernen „Gebrauchshundesport“ begeistern. Sie können in jedem Alter mit der Ausbildung des Hundes beginnen. Hier gibt es keinerlei Vorgaben. Junge Hunde lernen schneller als ältere, dies gilt es zu berücksichtigen.

Je mehr Wiederholungen der einzelnen Übungen erfolgen und je öfter geübt wird, entscheidet darüber, wie schnell der Hund die Übung versteht. Wer weniger Zeit dafür aufwendet, wird länger dazu benötigen. Auch die Lernfähigkeit des Hundes ist hierbei wichtig. Es gibt dazu keine Faustregel außer: Fleiß wird belohnt.

Im Kapitel über den Schutzdienst werden außerdem die Hundetypen und deren Reizschwelle beschrieben und wie der Aufbau daraufhin am besten erfolgt. Der Schutzdiensthelfer ist für die richtige Dosierung der Belastung, des Beutebereichs und des Gehorsams verantwortlich. Das kann von Hund zu Hund stark abweichen.

Zusätzlich sind die Übungen aus den „Prüfungsordnungen für die internationalen Gebrauchshundprüfungen und die internationale Fährtenhundprüfung der FCI“ (kurz IPO) von 2012 beschrieben, um jeweils die komplette Übung zu verstehen. Der Aufbau als solches ist in kleine Schritte aufgeteilt.

Die in diesem Buch verwendeten Abkürzungen finden Sie im Anhang des Buches aufgelistet und erläutert.

In eigener Sache

Ich betreibe seit über 30 Jahren Gebrauchshundesport, früher noch Schutzhundesport genannt. Ich war und bin als Trainer, Schutzdiensthelfer und Hundeführer heute noch aktiv. Als Hundeführer nahm ich zweimal erfolgreich an deutschen Meisterschaften im Schutzhundesport sowie einer FCI-Qualifikation (Qualifikation zur Weltmeisterschaft der deutschen Mannschaft aller Gebrauchshunde) teil.

Als Schutzdiensthelfer habe ich viele Qualifikationen und für eine Verbandsmeisterschaft beim swhv (Südwestdeutscher Hundesportverband), Zuchttauglichkeitsprüfungen und Landesmeisterschaften beim ADRK (Allgemeiner deutscher Rottweiler Klub) gearbeitet. In diesem Bereich habe ich viele Lehrgänge für Hundeführer und Schutzdiensthelfer durchgeführt.

Im Laufe der Jahre habe ich mich intensiv weitergebildet und zum Leistungsrichter für Schutzhundesport, swhv Team-Balance® Trainer und Multiplikator (Train the Trainer) ausbilden lassen. Zusätzlich führte ich unzählige Seminare im Gebrauchshundesport sowie Anfänger- und Weiterbildungsseminare mit dem Sekundärverstärker Clicker, in Zusammenarbeit mit meiner Ehefrau Silla, durch. Zeitgleich besuchte ich viele Seminare namhafter Hundesportler und Hundesachverständiger.

Seit 2012 bin ich als Obmann für Schutzhundesport im swhv (Südwestdeutscher Hundesportverband) für die Ausbildung der Schutzdiensthelfer, Fährtenleger und die Ausbildung allgemein verantwortlich.

Mit diesem Buch möchte ich meine Erfahrungen und gewonnenen Kenntnisse aus Theorie und Praxis in der Ausbildung an den Leser weitergeben und damit das Verständnis für und die öffentliche Meinung zum Gebrauchshundesport verbessern.

Klaus Jadatz

Die Grundlagen

Bevor ich näher auf die spezielle Ausbildung für Fährtenarbeit, Unterordnung und Schutzdienst eingehe, werden in Kürze noch die wichtigsten Grundlagen der Erziehungsübungen für die spätere Teamarbeit Mensch/Hund beschrieben. Auch die Voraussetzungen für den Gebrauchshundesport und die Eignung von Hund und Mensch werden erläutert.

Eine gute Bindung ist Grundvoraussetzung für ein harmonisches Verhältnis zwischen Mensch und Hund.

Die Bindung

Die Bindung zwischen Mensch und Hund ist nicht nur Grundvoraussetzung für eine optimale Erziehung und Ausbildung, sie ist auch wichtig für ein unbeschwertes Leben mit dem Hund. Keine oder eine schlechte Bindung zum Hund führt unweigerlich zu Störungen seines Verhaltens.

Wann soll die Bindung aufgebaut werden?
Hier lautet die Antwort: Sofort nach dem Erhalt des Hundes. Forschungen haben ergeben, dass der Hund am besten und intensivsten bis zur 13. Lebenswoche lernt und die Bindung aufbaut. Aber auch ältere Hunde sind hierzu noch in der Lage.

Warum ist Bindung so wichtig?

Hunde benötigen einen Bezug zum Menschen. Er soll ihnen Sicherheit und Geborgenheit bieten. Eine Anlaufstelle bei stressbedingten Erfahrungen ist insofern wichtig, damit der gestresste Hund nicht das Weite sucht und mit Angst und Aggression leben muss. So wird das natürliche Erkundungsverhalten (Neugierde des Hundes) gefördert sowie die Lernfähigkeit beeinflusst. Unter Stress und Angst kann kein Tier, aber auch kein Mensch lernen.

Es liegt in der Verantwortung des Menschen, eine Bindung zum Hund aufzubauen. Anfangs benötigen Sie viel Zeit, um die optimalen Voraussetzungen zu schaffen. Die Bedürfnisse des kleinen oder neuen Teammitglieds müssen erkannt und abgedeckt werden. Dafür werden Sie belohnt mit einem treuen Gefährten, der Ihnen in allen Situationen vertraut und der gern mit Ihnen arbeitet.

Wie man die Bindung fördern kann

Im Folgenden sind ein paar Möglichkeiten und Erkenntnisse aufgeführt, wie man die Bindung zu seinem Hund fördern kann.

Der Hund teilt mit Ihnen Ihren **Alltag**. Er lebt im Haus, er wird zum Schlafen nicht weggesperrt, er nimmt am täglichen Leben teil, er erlebt alles mit. Dazu gehört es auch, beim Essen kochen, Aufräumen, Saugen, Wäsche machen, Freunde besuchen, Essen gehen und vielem mehr dabei zu sein.

Durch Blickkontakt lernt der Hund unsere Mimik kennen.

Auch der **Körperkontakt** trägt viel zur Bindung bei: Berührungen, Streicheleinheiten, Spielen mit Berührungen bauen Vertrauen auf. Wir rücken in den Mittelpunkt des Hundes und gehören dazu.

Durch **Blickkontakt** kann der Hund unsere Mimik kennenlernen und sich daran orientieren. Wenn sich der Hund an Ihnen orientiert und Sie anschaut, reagieren Sie sofort und bestätigen ihn mit Futter, mit Lob oder mit Spieleinheiten.

Beutespiele mit dem Hund beinhalten Elemente des Spielens, wie sie bei Hunden untereinander ablaufen. Sie fördern die Beute- und Griffarbeit, ohne dass sie schon ernsthaft in der

Das Zerren gehört auch zum Spielverhalten von Hunden untereinander.

Ausbildung vorhanden sind. Schauen Sie zwei Hunden beim Spielen und Zerren zu und versuchen Sie, ein gleichwertiger Spielkumpan zu sein. Seien Sie dabei aber nicht zu dominant.

Lassen Sie den Hund beim Spielen auch einmal gewinnen, ohne ihn unkontrolliert werden zu lassen, denn das fördert die Selbstsicherheit. Nutzen Sie beim Spazierengehen jede Gelegenheit, um die Neugierde (also das Erkundungsverhalten) des Hundes zu befriedigen. Hierzu gehören über Baumstämme balancieren, durch Gräben rennen oder bestimmte Aufgaben erfüllen, ohne den Hund zu überfordern. Auch das Verstecken von Spielzeugen oder Personen, die dann vom Hund gesucht werden müssen, gehört dazu. Seien Sie kreativ.

Halten Sie sich Ihrem Hund gegenüber emotional unter Kontrolle: Lassen Sie Ihren Ärger, den Sie von der Arbeit mit nach Hause bringen, nicht am Hund aus.

Bleiben Sie Ihrem Hund gegenüber immer konsequent auf einer Linie, was Gebote und Verbote betrifft. Ungerechtes Verhalten Ihrerseits zerstört das Vertrauen des Hundes in Sie. Er muss sich auf Sie verlassen können.

Zur Bindung und Verlässlichkeit gehört noch ein wichtiger Punkt, der auch vom Menschen klar definiert werden muss: die Rangordnung.

Durch ihr Erkundungsverhalten entdecken junge Hunde jeden Tag etwas Neues.

Rangordnung

Hunde sind Rudeltiere und in einem Rudel herrschen ganz klare Verhältnisse. Geführt wird das Rudel vom Alphatier. Das Alphatier zeichnet sich vor allem durch ruhige Überlegenheit, konsequentes Handeln, erfolgreiches Tun (Essensbeschaffung) und das richtige Maßregeln anderer Rudelmitglieder, die sich zu viel herausnehmen wollen, zur rechten Zeit, aus. Alphatiere haben sozusagen immer alles im Blick.

Vieles, was die Rangordnung betrifft, erfolgt über übliche Dinge im Alltag, über Verhaltensweisen und über Körpersprache. Sie können Ihren Rang auch ohne körperliche Auseinandersetzung klarstellen. Einen Hund können Sie nicht demokratisch und antiautoritär erziehen. Das ist wider die Natur des Hundes und Ursache vieler Problemverhaltensweisen.

Hier ein paar Beispiele, um die Rangordnung aufzubauen:

- Beim Spielen entscheiden wir, wie lange und wie gespielt wird, wann das Spiel beginnt und wann es beendet wird.
- Hat der Hund etwas angestellt und wir waren nicht dabei, sollten wir ruhig und gelassen bleiben.
- Aufdringliches und einforderndes Verhalten, wie zum Beispiel das Belästigen beim Essen, wird ignoriert bzw. die laufende Aktion wird sofort beendet.

Der Hund darf erst aus dem Auto springen, wenn er die Freigabe dafür erhält.

- Wenn wir Verbote oder Gebote festlegen, müssen diese immer konsequent eingehalten werden. Wir sollten nicht einmal etwas verbieten und es ein anderes Mal dann wieder zulassen.
- Wir gehen zuerst aus der Tür nach draußen und umgekehrt.
- Öffnen wir das Auto, muss der Hund mit dem Herausspringen so lange warten, bis er die Freigabe dazu von uns erhält.

Wir bauen Tabuzonen für den Hund auf wie zum Beispiel die Toilette, die Küche, die Couch usw. Diese sind nur für uns erlaubt. Wir schicken ihn auch mal von seinem Lieblingsplatz weg und nehmen diesen dann für uns ein. Wir nehmen dem Hund sein Lieblingsspielzeug oder auch einmal den Knochen weg. Anfangs kann dies mit Futtertausch (gegen etwas Wertvolleres) erfolgen. Wichtig hierbei ist nach dem Auslassen das Hörzeichen „Aus" zu geben und dafür zu belohnen. Wir steigen auch einmal über den Hund.

Wir trainieren das Zähnezeigen und kämmen den Hund, schauen ihm in die Ohren und ins Maul. Das sollte man aber nicht erzwingen, sondern man sollte mit Feingefühl vorgehen und jedes richtige Verhalten belohnen.

Das Zähnezeigen gehört auch zum Training.

So sieht der Schnauzengriff aus.

Sollten wir einmal doch korrigieren müssen, greifen wir zu hundegerechten Strafen: Dies sind Kontaktabbruch, Ignorieren, eine ernste, tiefe Stimme, eindringliches Starren in die Augen des Hundes, über den Hund beugen und Griff über den Fang (Schnauzengriff).

Bei offensichtlichem Drohen des Hundes gegen den Teamführer oder andere Personen sollte das Verhalten durch einen Fachmann analysiert und mit entsprechenden Maßnahmen korrigiert werden. Dies ist ein Verhalten, welches nichts mit der Ausbildung, sondern mit der Erziehung in Verbindung steht.

Bei Beachtung dieser Punkte und verantwortungsvollem Umgang werden Sie einen „Partner Hund" erhalten, der Ihnen das ganze Leben lang Spaß und Freude im Zusammenleben, bei der Erziehung und bei der Ausbildung bereitet.

Bevor wir mit der Ausbildung beginnen bzw. parallel zur Ausbildung sollten wir uns Gedanken zur Erziehung machen. Erziehung und Ausbildung sind zwei Paar Stiefel und spielen doch zusammen.

Die Erziehung

Hier stellt sich zunächst einmal die Frage: Wie erziehe ich meinen Hund? Mit ein paar einfachen Maßnahmen können wir den Hund zum sicheren und zuverlässigen Begleiter erziehen. Dies wiederum hilft uns ungemein bei der Ausbildung des Hundes.

Grundlegende Dinge wie das Kommando „Aus", ein Abbruchsignal und bestimmte Hörzeichen können ganz einfach trainiert und gefestigt werden. Damit fängt man am besten zu Hause an.

„Aus"

Übung!

Wir spielen mit dem Hund, und zwar mit einem Spielzeug, wie ein alter Socken, eine Beißwurst oder ein Seil, welches ein Zerrspiel ermöglicht. Dann stellen wir das Spiel ein. Sollte der Hund von selbst gleich auslassen, fügen wir beim Loslassen das „Aus" hinzu, loben ihn dafür und wiederholen das Ganze. Wenn er nicht gleich auslässt, bleiben wir ruhig, fassen in das Halsband und sagen bestimmt „Aus" und warten kurz. Lässt der Hund das Objekt in unsere Hand fallen (wichtig!), dann werfen wir es mit einem motivierenden Laut genau zwischen seine Vorderbeine und lassen ihn das Objekt wieder greifen.

Diese Prozedur wird mehrfach wiederholt. Bitte das Objekt nicht wegwerfen und den Hund holen lassen, er verknüpft sonst die Situation nicht mit dem „Aus". Auf dem Weg zum Objekt würde er die vorangegangene Aktion vergessen und eventuell selbst ein Solitärspiel beginnen, ohne uns einzubinden.

Bei Hunden, die sich etwas sträuben, warten wir geduldig ab. Wir halten die Hand im Halsband, bis sich der Hund beruhigt, und geben dann das Hörzeichen „Aus". Die weitere Vorgehensweise erfolgt wie gerade beschrieben.

Wenn diese Aktion erfolgreich war, können wir das „Aus" in echten Situationen trainieren und festigen. Die Konsequenz ist das A und O der Erziehung und Ausbildung.

Abbruchsignal als Hörzeichen

Übung!

Dazu setzen wir uns auf einen Stuhl, der Hund sitzt vor uns. Wir haben in beiden Händen Futter. Die linke Hand ist für den Hund nicht sichtbar hinter unserem Rücken.

Wortlos bieten wir dem Hund ein Futterstück aus der offenen, ausgestreckten Hand an. Sobald sich der Hund das Futterstück nehmen möchte, sagen wir mit bestimmter, konsequenter Stimme „Nein" oder ein anderes kurzes Hörzeichen. Wenn wir mit der Pfeife arbeiten möchten, geben wir einen Pfeifton ab. Gleichzeitig schließen wir sicherheitshalber die Hand, damit der Hund keinen Erfolg hat. Die Hand bleibt geschlossen.

Der Hund wird uns erstaunt ansehen und wir reagieren darauf sofort mit überschwänglichem Lob und einem genauso guten Futterstück aus der anderen Hand, die auf dem Rücken versteckt war.

Hat der Hund diese Übung verstanden, gehen wir einen Schritt weiter. Wir legen ein Futterstück sichtbar auf ein für den Hund gut erreichbares Element wie zum Beispiel einen Hocker oder einen Stuhl. Wir gehen mit dem Hund, der jetzt an der Leine ist, daran vorbei. Sollte der Hund – und das tut er sicher! – versuchen, das Futterstück zu erreichen, geben wir das vorher einstudierte Abbruchsignal und unterstützen das Ganze mit einem dem Hund angepassten Leinenruck (wird nur für diesen Fall angewendet). Das machen wir so lange, bis der Hund sichtbar (mit Meideverhalten) auf das Signal reagiert.

Danach probieren wir es mit Hilfspersonen aus, die dem Hund ein Futterstück reichen wollen. Wenn die Aktion hier ebenfalls erfolgreich war, ist das Signal sicher verknüpft. Wir dürfen allerdings nicht vergessen, den Hund für das richtige Verhalten zu belohnen und zu loben.

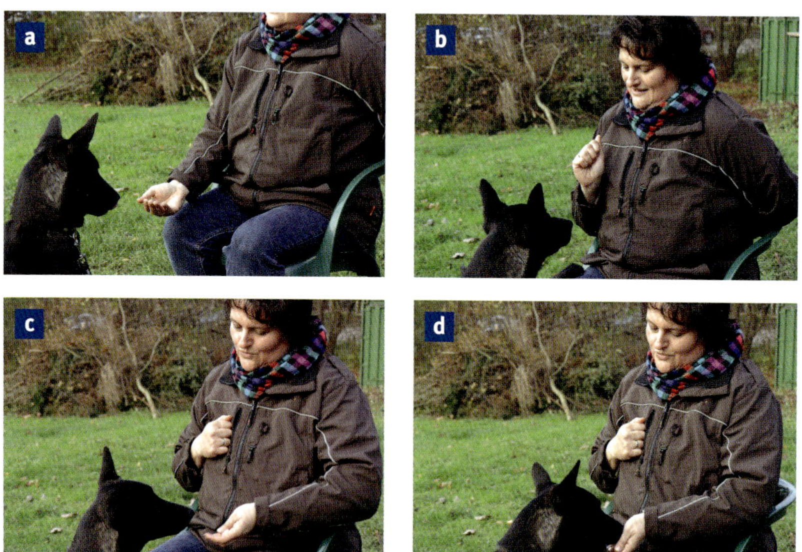

So sieht die erste Übung für das Abbruchsignal aus.

Das Abbruchsignal ist sehr wichtig für das gesamte Leben des Hundes, deswegen muss es äußerst konsequent erarbeitet werden. Man denke an vergiftetes Futter, Hunde auf der anderen Seite einer belebten Straße, das Hinterherrennen usw.

In den meisten Fällen sollten wir nicht „Nein", sondern ein prägnantes, kurzes Wort oder einen Fantasielaut in strengem Ton sagen wie zum Beispiel „babbab".

Der Grund dafür ist folgender: Das „Nein" haben wir oder Mitglieder der Familie in vielen Fällen schon häufig benutzt, ohne konsequent zu sein. Dadurch ist dieses Hörzeichen für den Hund ungeeignet und abgenutzt. Ein neues Hörzeichen wirkt hier Wunder.

Ebenso konsequent handeln wir bei Begegnungen mit Menschen und mit anderen Hunden. Wir entscheiden, ob der Hund sein Ziel selbstständig ansteuern oder es erst durch unsere Freigabe erreichen darf. Mit jeder selbstständigen Aktion des Hundes verlieren wir ein Stückchen mehr Kontrolle. Es geht nicht darum, den Hund von Menschen und Hunden fernzuhalten, denn der Kontakt ist wichtig für die Sozialisierung, sondern um die Entscheidung, wo und mit wem der Hund Kontakt aufnehmen darf. Sind wir auch hier auf der sicheren Seite, treten ungewünschte Verhaltensweisen wie Ziehen und Anspringen von Personen gar nicht erst auf.

Übung!

Die folgende Übung sollte am besten auf dem Übungsplatz erfolgen.

Eine Menschengruppe (sechs bis acht Personen) steht im Abstand von 3 bis 4 Metern vor uns. Der Hund ist an der Leine und wird von einer bekannten Person festgehalten (fremde Personen können Stress auslösen). Wir gehen rückwärts Richtung Menschengruppe und zeigen dem Hund das tolle Futter (Wiener Würstchen oder Ähnliches zum Abbeißen), was wir in der Hand halten. Sind wir in der Menschengruppe angelangt, rufen wir unseren Hund. Die bekannte Person lässt augenblicklich den Hund los. Der Hund wird schnell zu uns rennen. Wir empfangen ihn mit dem Futter (ein Stückchen abbeißen lassen) und sehr viel Lob, gehen mit dem Hund mit dem Futter vor seiner Nase wieder aus der Gruppe und loben den Hund kräftig. Dann bekommt er den Rest der Wurst. So lernt der Hund Personen neutral kennen. Beim Wiederholen können wir den Hund mit der Wurst um ein paar Personen führen, bevor wir die Gruppe verlassen. Je öfter diese Übung wiederholt wird, umso mehr wird der Hund den Drang zu uns verspüren, ohne jemanden von der Gruppe zu belästigen.

Bei Hundekontakten wird es etwas schwieriger. Am besten sprechen Sie sich hierfür mit einem Ihnen bekannten Hundebesitzer ab, dessen Hund sozialverträglich ist. Anfangs sollten Sie an einer ruhigen Stelle die Begegnung planen.

a

b

Das richtige Verhalten gegenüber Menschen muss auch trainiert werden.

Übung!

Alle beiden Hunde sind an der Leine. Kommt der andere Hundebesitzer mit seinem Hund, halten wir an. Der Abstand sollte anfangs etwas größer sein, also 4

Die Begegnung mit anderen Hunden – keine leichte Sache.

bis 5 Meter betragen. Wir nehmen das beste Futter heraus und lassen unseren Hund sitzen. Dafür wird er gelobt und es gibt ein Stückchen Futter. Dann wenden wir uns von dem anderen Hund ab, loben unseren Hund für das Mitgehen und bestätigen ihn mit Lob und Futter.

Diese Übung führen wir mehrmals durch und verringern den Abstand. Ziehen und Bellen wird mit Abbruch bestraft, indem wir uns ganz entfernen. Leinenrucken und Sich-Ärgern würden nur die Aggression unseres Hundes fördern. Schnell wird der Hund das richtige Verhalten lernen.

Ist der Hund ruhig, zieht und bellt er nicht, können wir die Hunde Kontakt aufnehmen lassen oder das Vorbeigehen einbauen. Wir gestalten die Übung immer wieder neu, indem wir die Umgebung und die Ausführung, Wechsel zwischen Halten, Vorbeigehen und Kontaktaufnahme, ändern. Lob und Bestätigung nicht vergessen. Dies sollte anfangs immer, später nur noch gelegentlich erfolgen.

Warten

Auch das Warten muss gelernt sein, denn es gibt viele Situationen, die ein Warten erforderlich machen. Wir wohnen direkt an einer belebten Straße oder einem Fußweg und wollen mit unserem Hund aus dem Haus, so darf der Hund, wenn wir die Türe öffnen, nicht gleich nach draußen rennen.

Übung!

Der Hund ist angeleint. Wir öffnen die Türe, sagen „Warten“, geben ihm für das richtige Verhalten ein Futterstück und geben ihn dann frei. Sollte er versuchen, selbst loszulaufen, blockieren wir den Hund mit der Leine, geben ein Hörzeichen mit bestimmter Stimme und lassen ihn dann länger warten. Das Gleiche machen wir beim Öffnen des Fahrzeuges.

Auch bei der Fütterung fordern wir das „Warten“.

Übung!

Wir bereiten das Futter zu und geben es in die Futterschüssel. Zusätzlich machen wir die Futterschüssel interessant, indem wir so tun, als würden wir uns selbst auf das Futter freuen. Dann stellen wir langsam die Futterschüssel auf den Boden oder den Ständer. Der Hund will in den meisten Fällen losstürmen. Wir blockieren die Futterschüssel mit dem Fuß oder einem Gegenstand und sagen „Warten“.

Verhält sich der Hund richtig, geben wir den Weg zur Schüssel frei. Das Warten oder ruhiges Sitzen, Liegen und Stehen kommen später in der Ausbildung vor. Wir sollten alle aufgeführten Übungen zusätzlich mit einem Handzeichen verbinden.

Die Warteübung mit der Futterschüssel.

Herkommen

Übung!

Ein Welpe wird uns anfangs immer folgen. Dies sollten wir mit Futter, Spiel oder Lob unterstützen. Auch wenn wir spazieren gehen, sollte man nicht einfach alles laufen lassen. Wir machen uns interessant, verstecken uns, wechseln die Richtung, rufen den Hund und belohnen ihn für das Herankommen. So lernt der Hund, immer darauf zu achten, wo wir uns befinden. Wir brauchen in der Ausbildung die Aufmerksamkeit des Hundes. Der Grundstein wird hier gelegt.

Diese Maßnahmen sind einfach umzusetzen und bringen uns auf unserem Weg der erfolgreichen Ausbildung erheblich weiter.

Das Herkommen wird schon mit dem Welpen geübt.

WICHTIG!

Der junge Hund sollte bis zu einem Alter von zehn Monaten beim Spazierengehen mit einem Geschirr und einer Schleppleine (etwa 5 bis 10 Meter Länge ohne Schlaufe) ausgestattet sein. Das Geschirr muss gut angepasst sein und darf weder drücken noch scheuern. Außerdem muss es so der Körpergröße angepasst sein, dass der Hund nicht herausschlüpfen kann. Es wird immer mal Situationen geben, in denen sich der Hund versucht zu verselbstständigen. So haben Sie immer die Möglichkeit, dieses Verhalten zu unterbinden. Das richtige Verhalten, nämlich nicht wegzulaufen, sondern zurückzukommen, wird so gefestigt.

Geräusche

Geräusche spielen im Leben des Hundes eine große Rolle. Der Welpe sollte bereits bei seinem Züchter darauf vorbereitet werden, aber auch erwachsenen Hunde können damit desensibilisiert werden. Eine Möglichkeit, starke Gefühlsreaktionen (Angst, Wut) zu verringern, bietet eine im Handel erhältliche CD von Silent Devision. Sie heißt „Don't be afraid" und beinhaltet 96 Alltagsgeräusche, welche aufgeteilt sind in Haushalt, Tiere, Veranstaltungen, Wetter/Natur/Umwelt und Verkehr.

Die Geräusche können in unterschiedlichen Lautstärken und Situationen, beim Spielen, beim Schlafen usw. im Hintergrund abgespielt werden. Der Hund ist dabei in einer für ihn sicheren Umgebung und lernt neutral, dass von den Geräuschen keinerlei Gefahren ausgehen. Das stärkt den Hund in seinem Selbstbewusstsein und trägt wesentlich zur Selbstsicherheit bei.

Sollte die Desensibilisierung noch nicht bei dem Züchter Ihrer Wahl oder dem Verkäufer geschehen sein, liegt es in Ihrer Verantwortung. Da wir bei unseren Gebrauchshunden eine Schussgleichgültigkeit erwarten, ist diese Vorgehensweise sehr zu empfehlen. Ich habe bei den Hunden, die bei mir aufgewachsen sind, sehr gute Erfahrungen damit gemacht.

Voraussetzungen für den Gebrauchshundesport

Für den Gebrauchshundesport sind bestimmte Voraussetzungen wichtig. Sie werden im Folgenden kurz erläutert.

Gebrauchshunde sind Hunde, die für ganz bestimmte Tätigkeiten eingesetzt werden. Sie werden auch als Arbeitshunde bezeichnet.

Die Hunde sollten folgende Eigenschaften besitzen, um im Gebrauchshundesport, aber auch als Diensthund Verwendung zu finden:

- Gutes Sozialverhalten
- Intelligenz (Lernfähigkeit)
- Nervenstärke
- Entsprechende Triebveranlagung

Zu Letzterem gehören ausgeprägter Spiel- und Beutetrieb, die Bereitschaft, für Futter zu arbeiten, und die enge Bindung zum Teamführer (Hundeführer).

Anforderungen an den Hund

Für den Gebrauchshundesport können zur Fährtenarbeit in allen Stufen alle Hunde (Rassehunde und Mischlinge) in allen Größen ausgebildet werden. Für die weiterführende Ausbildung (Abkürzungen siehe Kapitel „Begriffserklärungen“) in den Stufen IPO-ZTP, IPO-VO, IPO-1 bis IPO-3 können alle Hunde, welche die Anforderungen der PO für Gebrauchshunde erfüllen, teilnehmen.

Diese Hunde müssen in der Lage sein, die Meterhürde und die Kletterwand mit dem Apportierholz ohne Schwierigkeiten zu überwinden. Des Weiteren müssen sie schussgleichgültig sein und den Fluchtversuch des Schutzdiensthelfers wirkungsvoll vereiteln können.

Anforderungen an den Menschen

Zur erfolgreichen Ausbildung des Hundes gehören ebenso die richtigen Eigenschaften des Teamführers. Der Teamführer sollte konsequent, einfallsreich und offen für die moderne Hundeausbildung sein. Negative Emotionen müssen unter Kontrolle gehalten werden. Er sollte sich theoretisch und praktisch mit dem Lernverhalten des Hundes beschäftigen und sich ständig weiterbilden. Es empfiehlt sich, nie allein zu arbeiten, sondern immer im Team. Nur so lassen sich Fehler vermeiden bzw. rechtzeitig erkennen und beheben. Zudem bereitet gemeinsames Arbeiten im Team wesentlich mehr Freude.

Ausbildung mit Sekundärverstärkern

Die nachfolgend beschriebenen Übungen können natürlich auch mit dem Sekundärverstärker (z. B. dem Clicker) erarbeitet werden. Hierzu finden Sie im Folgenden eine kurze Beschreibung:

Der Clicker ist keine Ausbildungsmethode, sondern ein Hilfsmittel (Sekundärverstärker) für die Ausbildung. Der Click hat den Vorteil, immer in dem Moment gegeben zu werden, wenn der Hund eine Übung oder Teilübung oder den Ansatz einer Übung richtig ausführt. Der Teamführer oder der Übungsleiter clickt und der Hund wird daraufhin bestätigt. Die Bestätigung kann aus Futter, Spielen, Lob oder auch Sozialkontakt bestehen. Diesen Vorteil, exakt im richtigen Moment die gewünschte Ausführung zu markieren, können wir mit einer direkten Bestätigung (zum Beispiel Futtergabe oder Spielzeug) nicht erzielen. Deswegen ist ein Clicker in der Ausbildung sehr wertvoll – allerdings nur, wenn der Teamführer oder Übungsleiter richtig damit umgehen kann.

Der Clicker klingt immer gleich ohne Emotionen und verlängert die Phase der Bestätigung nach dem Click, das heißt, der richtige Moment ist mit dem Click markiert und wir haben zum Bestätigen einen leichten Zeitgewinn erhalten.

Ähnlich ist es mit dem „Ja"-Marker. Das „Ja" für die richtige Ausführung hat denselben Effekt wie der Clicker. Der einzige Unterschied ist, dass unsere Stimme je nach Stimmung unterschiedlich klingen kann. Unser Hund wird Stimmungsschwankungen erkennen können und entsprechend reagieren.

Es bietet sich in jedem Fall an, richtiges Verhalten zu bestätigen oder mit Lob zu verstärken sowie Fehlverhalten mit einem „Nein" oder mit Abbruch der Übung zu kennzeichnen. So lernt der Hund am schnellsten, was richtig oder falsch ist. Hunde lernen ja oder nein wie schwarz oder weiß, ein vielleicht ist ihnen fremd. Sollten Sie sich für den Einsatz des Clickers entscheiden, empfehle ich entsprechende Fachliteratur und Fachseminare zur richtigen Anwendung zu besuchen.

Hier ein kleiner Einblick in die Arbeit mit dem Clicker:
Zuerst müssen wir den „Clicker", respektive den Klang des Clickers, konditionieren. Dafür benötigen wir schmackhafte, kleine Leckerchen in einem Behältnis, welches für den Hund unerreichbar ist, und etwas Bewegungsspielraum für den Hund. Wir beginnen mit der klassischen Konditionierung, das heißt Click und Futter, Click und Futter, bis der Hund deutlich auf den Click in die Erwartungshaltung geht. Es ist darauf zu achten, dass der Hund in Bewegung ist und nicht starr in einer Position verharrt, sonst könnte der Hund den Click und die Bestätigung mit der Position verknüpfen.

Nach erfolgreicher Konditionierung beginnen wir mit einfachen Übungen wie z. B. das Berühren mit der Pfote oder Nase eines bereitgestellten Kartons oder Targets (Hand, Fliegenklatsche usw.). Man sollte immer zuerst das Ansatzverhalten, also zum Beispiel das Bewegen in Richtung Karton, bestärken und nicht gleich den kompletten gewünschten Verhaltensablauf erwarten. Die Arbeit mit dem Clicker erfordert eine gute Beobachtungsgabe und Bestärkung in ganz kleinen Schritten. Das richtige Timing bestimmt den Erfolg!

Fährtenarbeit

Bei der Fährtenarbeit ist vor allen Dingen die Nase des Hundes gefordert, deren hervorragende Leistungsfähigkeit wir uns bei dieser Disziplin zunutze machen. Hier ein paar kurze Daten dazu.

Gegenüber dem Hund, der als Makrosmat ein echtes „Nasentier" ist, ist die Nasenleistung des Menschen, der sich als „Augentier", also als Mikrosmat vor allem nach dem Gesichtssinn orientiert, fast schon zu vernachlässigen.

Bei der Fährtenarbeit ist vor allem die Nase des Hundes gefordert.

Sind beim Hund noch sehr deutlich die sogenannten Riechkolben im vorderen Bereich des Gehirns zu erkennen, hat sich dieser Bereich beim Menschen schon sehr zurückgebildet. Das Riechhirn des Hundes ist in Relation etwa 40-mal größer als das Riechhirn des Menschen.

Ist der Nasenraum eines Menschen relativ „übersichtlich" und das Riechepithel nur etwa 5 Quadratzentimeter groß, ist beim Hund durch die zahlreichen Auffaltungen die Oberfläche des Riechepithels um einiges vergrößert. Es kann etwa 200 Quadratzentimeter umfassen und ist somit ungefähr bis zu 40-mal größer als beim Menschen.

Hierbei muss man aber berücksichtigen, dass diese Größe auch von der Körpergröße des Hundes abhängt. Bei einem Dackel ist zum Beispiel die Riechschleimhaut kleiner als bei einem großen Schäferhund.

Im Gegensatz zu den nur 12 bis 40 Millionen Riechzellen, die ein Mensch besitzt, wird die Anzahl der Riechzellen beim Hund mit bis zu 300 Millionen (es gibt sogar noch wesentlich höhere Schätzungen) angegeben.

Hinzu kommt außerdem, dass Hunde im Gegensatz zu uns Menschen sogar stereoriechen können.

Dies sind nur einige Vergleichswerte, welche die hervorragende Riechleistung eines Hundes erahnen lassen. Ob ein Hund aber nun zehntausendmal, hunderttausendmal oder mehrere Millionen Mal besser riechen kann als ein Mensch, lässt sich kaum belegen. Tatsache ist aber auf alle Fälle, dass Hunde eine für uns unfassbar gute Nasenleistung bieten, die unsere Vorstellungskraft überschreitet.

Keine Angst, es wird nicht wissenschaftlich. Über Individualgeruch, zerstörte Mikroorganismen, Leitgeruch, Bodenverletzung und vieles andere gibt es zahlreiche Literatur. Die aktuellen Kenntnisse zusammengefasst und noch viel mehr Informationen zu dem Thema finden Sie in dem Buch „Nasenarbeit" erschienen bei Oertel+Spörer (siehe Literaturverzeichnis).

Hier befassen wir uns ausschließlich mit einem sinnvollen Aufbau zum Fährtenhund. Dies sollte nur ein kleiner Einblick sein, um deutlich zu machen, dass eigentlich jeder Hund zur Fährtenarbeit geeignet ist.

In diesem Buch werden die Fährtenarbeit mithilfe der Fährtenleine und die Gegenstandsarbeit mit dem Verweisen erklärt.

Die Ausrüstung

Bevor es an die Ausbildung geht, benötigen sowohl Hund als auch Hundeführer eine bestimmte Ausrüstung.

Ausrüstung für den Hund	*Ausrüstung für den Hundeführer*
Fährtentafeln, Markierungsstöcke	*Allwetterbekleidung*
Futter in verschiedenen Ausführungen und Größen	*Bequemes, wasserdichtes Schuhwerk mit gutem Profil*
Gegenstände aus verschiedenen Materialien (Leder, Stoff, Holz, Plastik, Kork)	*Regenfeste Jacke mit Kapuze für den Winter*
Fährtenleine 10 m lang	*Leichte Jacke für den Sommer*
Trainingsleine 5 m lang	*Beutel, Tasche oder Behälter, um Leckerchen zu verstauen*
Geschirr (Böttcher- oder Fährtengeschirr)	
Halsband (Kettenhalsband eingliedrig)	

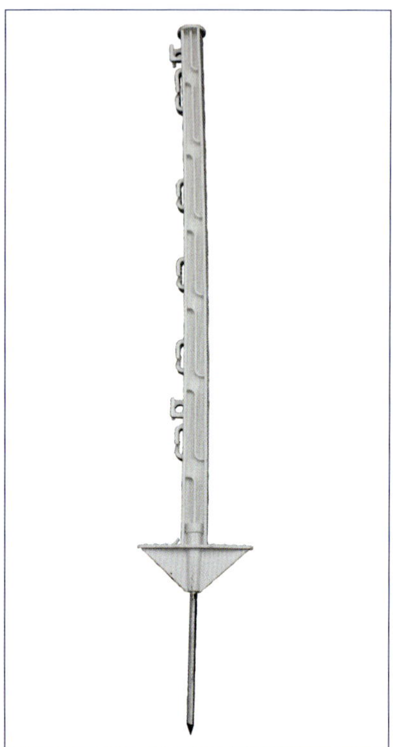

Der Markierungsstock.

Verschiedene Fährtentafeln.

Laut Prüfungsordnung ist das eingliedrige Kettenhalsband vorgeschrieben.

Eine Fährtenleine mit 10 Meter Länge (links) und eine Trainingsleine mit 5 Meter Länge (rechts).

Benötigte Gegenstände etwa 10 cm lang, 2-3 cm breit und 0,5-1 cm dick aus verschiedenen Materialien wie Holz, Textil, Leder, Kunstleder, Teppichboden, Filz, Kork.

HINWEIS!

Laut Prüfungsordnung ist ein eingliedriges Kettenhalsband für die Fährtenarbeit vorgeschrieben. Ein Geschirr kann zusätzlich verwendet werden. Bei der Ausbildung und beim Training bleibt es aber jedem selbst überlassen, mit was für einem Halsband (oder Geschirr) er arbeiten möchte. Ebenso kann das Einüben der Fährtenarbeit auch ohne Geschirr erfolgen. Viele verwenden das Geschirr zur Differenzierung, damit der Hund genau weiß, dass Fährrtenarbeit angesagt ist, wenn das Geschirr angelegt wird. Andere bevorzugen ein Geschirr, wenn Hunde sehr stark ziehen, um den Hals nicht zu stark zu belasten. Bei der hier vermittelten Methode ist aber ein Geschirr nicht zwingend notwendig, da dem Hund ein langsames, intensives Suchen vermittelt wird.

Wir haben – je nach Ausbildungsstand – immer alle benötigten Fährtenutensilien dabei. Diese sollten in einem Koffer, in einer Tasche oder einem anderen geeigneten Behältnis mitgeführt werden. Der gute Ausbilder bzw. Teamführer ist immer komplett ausgestattet. Nur so funktioniert Ausbildung. Der Anspruch ergibt sich aus der Prüfungsordnung.

AUSZUG AUS DER PO DER FÄHRTENARBEIT

Ansatz

Auf Anweisung des LR wird der Hund langsam und ruhig zur Abgangsstelle geführt und angesetzt. Ein kurzes Absitzen des Hundes vor dem Ansatzbereich (ca. 2 Meter) ist zugelassen. Der Ansatz (auch beim Wiederansetzen nach dem Finden der Gegenstände) muss am Hund erfolgen. Ein gewisser Spielraum an der Leine muss dem Hundeführer ermöglicht werden. Der Hund muss am Ansatz intensiv, ruhig und mit tiefer Nase Witterung nehmen. Die Aufnahme der Witterung hat ohne Hundeführer-Hilfen zu geschehen (außer Hörzeichen „Such"). Der Ansatz ist nicht zeitabhängig; vielmehr muss sich der LR am Verhalten des Hundes zu Beginn des ersten Schenkels über die Intensität der erfolgten Witterungsaufnahme orientieren. Nach dem 3. erfolglosen Versuch eines Ansatzes im direkten Abgangsbereich ist die Fährtenarbeit abzubrechen. Der Hund muss dann mit tiefer Nase, in gleichmäßigem Tempo, intensiv dem Fährtenverlauf folgen. Der HF folgt seinem Hund in 10 m Entfernung am Ende der Fährtenleine. Bei Freisuche ist ebenfalls der Abstand von 10 m einzuhalten. Die Fährtenleine darf, wenn sie vom HF nicht aus der Hand gelassen wird, durchhängen, jedoch darf keine gravierende Verkürzung der geforderten Distanz zum Hund entstehen. Bodenberührung ist nicht fehlerhaft.

Suchleistung

Der Hund muss dem Fährtenverlauf intensiv, ausdauernd und in möglichst gleichmäßigem Tempo (geländeabhängig, Schwierigkeitsgrad) folgen. Der Hundeführer muss nicht zwingend auf der Fährte folgen. Eine zügige oder langsame Suchleistung ist dann kein Kriterium bei der Bewertung, wenn die Fährte gleichmäßig und überzeugend ausgearbeitet wird.

Winkel

Der Hund muss die Winkel sicher ausarbeiten. Ein Überzeugen, ohne die Fährte zu verlassen, ist nicht fehlerhaft. Kreisen am Winkel ist fehlerhaft. Nach dem Winkel muss der Hund im gleichen Tempo weitersuchen. In Winkelbereich soll der Hundeführer nach Möglichkeit den vorgeschriebenen Abstand einhalten.

Verweisen oder Aufnehmen der Gegenstände

Sobald der Hund einen Gegenstand gefunden hat, muss er ihn ohne Einwirkung des HF sofort aufnehmen oder überzeugend verweisen. Er kann beim Aufnehmen stehen bleiben, sich setzen oder auch zum HF kommen, der dann stehen zu bleiben hat. Weitergehen mit dem Gegenstand oder Aufnehmen

im Liegen sind fehlerhaft. Das Verweisen kann liegend, sitzend oder stehend (auch im Wechsel) erfolgen.
Leicht schräges Legen zum Gegenstand ist nicht fehlerhaft, seitliches Ablegen am Gegenstand oder starkes Drehen in Richtung Hundeführer ist fehlerhaft. Gegenstände, die mit starker Hilfe des Hundeführers gefunden werden, gelten als überlaufen. Dies ist z. B. dann der Fall, wenn ein Hund einen Gegenstand nicht anzeigt und durch Einwirkung des Hundeführers mittels Leine oder Hörzeichen am Weitersuchen gehindert wird. Hat der Hund den Gegenstand verwiesen oder aufgenommen, legt der Hundeführer die Fährtenleine ab und begibt sich zu seinem Hund. Durch Hochheben des Gegenstandes zeigt er an, dass der Hund gefunden hat. Aufnehmen und Verweisen ist fehlerhaft. Jegliches Vorgehen mit dem Gegenstand oder Aufnehmen im Liegen ist fehlerhaft. Bringt der Hund den Gegenstand, hat der Hundeführer dem Hund nicht entgegenzugehen.
Beim Herantreten des Hundeführers zur Abgabe oder zum Aufheben des Gegenstandes muss sich der Hundeführer neben seinen Hund stellen.
Der Hund hat bis zum Wiederansetzen ruhig in der Verweis- oder Aufnahmeposition zu verharren und wird aus dieser mit kurzer Leine am Hundeführer wieder angesetzt.

Verlassen der Fährte
Hindert der Hundeführer den Hund am Verlassen des Fährtenverlaufs, so ergeht die Anweisung des Leistungsrichters an den Hundeführer zum Nachgehen. Der Hundeführer hat diese Anweisung zu befolgen. Die Fährtenarbeit ist spätestens abzubrechen, wenn der Hund die Fährte um mehr als eine Leinenlänge verlässt (über 10 m bei dem frei suchenden Hund) oder der Hundeführer die Anweisung des Leistungsrichters zum Nachgehen nicht befolgt.

Loben des Hundes
Ein gelegentliches Loben (wozu nicht das Kommando „Such" gehört) ist nur in der Stufe 1 statthaft. Nur an den Gegenständen darf der Hund kurz gelobt werden.

Abmelden
Nach Beendigung der Fährtenarbeit sind die gefundenen Gegenstände dem Leistungsrichter vorzuzeigen. Ein Spielen oder Füttern nach dem Anzeigen des letzten Gegenstandes vor der Abmeldung und der Bekanntgabe der erreichten Punktzahl durch den Leistungsrichter ist nicht gestattet. Das Abmelden des Hundes hat in der Grundstellung zu erfolgen.

Aufbau des Suchverhaltens

Zunächst stellt sich die Frage: Wann kann ich mit der Fährtenarbeit beginnen?

Wenn der Welpe oder Ausbildungshund sich in das Mensch-Hund-Rudel eingelebt hat, also nach etwa 14 Tagen, können wir mit der Fährtenarbeit beginnen. Der Hund muss erst sein Umfeld, den Tagesablauf und die Regeln kennenlernen.

Das Geschirr muss gut passen und richtig angelegt werden.

Welche Methode ist die beste?

Es gibt einige Methoden bzw. Möglichkeiten, den Hund zum idealen Fährtenhund aufzubauen. Am besten hat sich die Arbeit mit Futter bewährt, aber auch hier gibt es Unterschiede, wenn es zum Beispiel um Kreisfährten, Geruchsfelder oder Selbsterhaltungstrieb geht, um nur einige zu nennen.

Wir werden uns mit einer leicht umzusetzenden Möglichkeit beschäftigen. Wie auch bei den anderen Aufbaumethoden erfordert die Arbeit viel Zeit und Geduld. Beim Aufbau geht es nicht um die einzelnen Stufen laut PO, sondern um den fertigen Fährtenhund.

Bevor wir mit der Fährtenarbeit beginnen, gibt es ein paar wichtige Dinge zu beachten:

Wir sprechen uns mit dem Besitzer des Grundstückes, wo die Arbeit stattfinden soll, oder dem zuständigen Jagdpächter ab.

GESETZE

Für jedes Bundesland gibt es Gesetze über den Aufenthalt mit und ohne Hund in der Natur. Diese können Sie auf der Homepage des betreffenden Landes in Erfahrung bringen. Halten Sie sich bitte daran, damit uns allen der Fährtenspaß erhalten bleibt!

Man sollte nicht einfach loslegen, ohne nachgefragt zu haben. So können Auseinandersetzungen und Verbote vermieden werden.

Empfehlenswert ist es, mit sogenannten Geruchsfeldern, die später beschrieben werden, zu beginnen. Denn damit wollen wir Folgendes erreichen:

- Der Hund soll lernen, ein klar abgegrenztes Geruchsfeld ruhig und sicher auszuarbeiten.
- Er soll die Erfahrung machen, dass die Ressource Futter immer vorhanden ist und es keinen Grund gibt zu stürmen, hektisch zu werden bzw. sich umzuorientieren.
- Der Hund lernt, ruhig und intensiv zu arbeiten.
- Wir können die Ausarbeitungszeit verlängern, indem wir das Geruchsfeld während des Absuchens vom Hund unbemerkt laufend neu mit Futter bestücken.
- Wir können Ablenkungen unterschiedlichster Art einbauen wie Personen, Geräusche und andere Umweltreize.
- Windrichtung und Witterung spielen keine Rolle.
- Es gibt keine vorgegebene Suchrichtung.
- Die Liegezeit wird von Anfang an berücksichtigt.

Um Ihnen den Weg über die Geruchsfelder bis hin zum fertigen Fährtenhund verständlich zu vermitteln, werden die einzelnen Schritte ausführlich erklärt.

TIPP!

Anfangs empfiehlt es sich, zwei bis drei Fährten an einem Tag auszuarbeiten.

Zum Lernen brauchen wir Wiederholungen – am besten zwei bis drei Geruchsfelder am gleichen und die folgenden Tage. Durch zeitnahe Wiederholungen prägt sich der Lernstoff ein.

Nach vielen Fährten sollte man auch einmal eine Pause einlegen. Nach mehreren Tagen intensiven Fährtentrainings empfiehlt sich eine mehrtägige Pause. Vermeiden Sie wöchentliche Trainings zum Beispiel nur an Sonntagen. Trainingsintervalle bringen den größeren Lerneffekt. Führen Sie ein Trainingstagebuch (ein Beispiel dafür finden Sie im Anhang des Buches), um Fortschritte, Probleme und Lernziele aufzuzeigen und die gewonnenen Erkenntnisse so in die Arbeit mit dem Hund einzubauen.

Das Geruchsfeld

Bei dem sogenannten Geruchsfeld handelt es sich um ein rundes, stark ausgetretenes Feld mit etwa 3 Meter Durchmesser.

Das Geruchsfeld sollte einen Durchmesser von etwa 3 Metern haben.

Übung!
Dieses Feld wird anfangs ausschließlich auf einer Wiese gelegt. Hierbei wird erst der Außenkreis stark abgegrenzt und danach der Rest im Kreis deutlich sichtbar ausgetreten. Das Geruchsfeld sollte sich eindeutig vom restlichen Wiesengelände unterscheiden.

Besonders geeignet sind hierfür Obstbaumwiesen. Diese werden öfter gemäht und bieten dadurch optimale Möglichkeiten. Das Gras sollte nicht zu hoch sein, höchstens 20 cm, aber auch nicht ganz frisch gemäht, denn dann fängt das Gras zu gären an. Wenn das lose Gras getrocknet ist, können wir dort beginnen.

Nach etwa 30 Minuten wird der Kreis mit Futter bestückt. Wir zerkauen Wiener Würstchen, Fleischwurst oder Ähnliches und spucken dies gleichmäßig auf das ausgetretene Geruchsfeld.

Richtig, wir spucken! Es sollte ganz fein zerkaut sein. Wem dies zu ekelig ist, der kann das Futter auch ganz fein mit dem Mixer zerkleinern. Zusätzlich verstreuen wir noch andere kleine Futterstücke (Trockenfutter oder Nassfutter). Das Ganze wird durch unsere Tritte in den Boden getreten. Weiteres Futter sowie ein größeres Endstück behalten wir bei uns.

Nachdem wir das Geruchsfeld auf diese Weise präpariert haben, holen wir unseren Hund. Je nachdem wie er die Fährte ausarbeiten soll, mit Geschirr oder Halsband, bereiten wir den Hund vor. Danach führen wir den Hund langsam an das Geruchsfeld heran. Hierbei kann man ihn eventuell mit Futter unterstützen, um das Stürmen in das Feld zu vermeiden. Wir setzen den Hund kurz vor dem Geruchsfeld ab und lassen ihn dann ruhig in das Feld eintreten. Der Hund wird von selbst mit dem Absuchen beginnen.

Die Bestückung des Geruchsfeldes sollte reichlich sein.

Am Anfang lassen wir ihn etwa 5 bis 10 Minuten (nicht länger) arbeiten und achten darauf, dass immer genügend Futter im Geruchsfeld vorhanden ist.

Die Ressource Futter muss immer vorhanden sein!

So hat der Hund keine Veranlassung, das Feld zu verlassen. Wir bestücken permanent mit Futter nach, ohne dass es der Hund sieht. Sollte der Hund versucht sein, aus dem Geruchsfeld herauszugehen, lassen wir ihn dies tun, blockieren aber nach ungefähr 50 cm den weiteren Weg mit der Leine. Keinen Ruck, sondern nur still halten und warten, bis er sich wieder dem Feld zuwendet. Betritt er das Feld, wird er dafür gelobt.

Der Hund lernt sehr schnell, dass es sich nicht lohnt, das Feld zu verlassen. Wir berühren den Hund und loben ihn ab und zu. Nach dem Zeitfenster, welches wir uns vorgenommen haben

Der Ansatz (a) und das Ausarbeiten des Geruchsfeldes (b).

(anfangs 5 bis 10 Minuten, je nach Konzentration des Hundes; lieber zu kurz als zu lang), legen wir ein größeres Abschlussstück in das Feld und warten, bis der Hund dies selbstständig gefunden hat. Bitte nicht zeigen und dorthin locken!

Gleich hat der Hund das Abschlussstück gefunden.

Den Hund lassen wir kauen, bis er fertig ist, und führen ihn dann ruhig aus dem Feld heraus (Welpen tragen wir aus dem Geruchsfeld heraus). Kurz danach sollten keine Motivationen durchgeführt werden. Der Hund soll das Geruchsfeld und nicht das Vorgehen danach positiv verknüpfen.

Die ersten zwei Geruchsfelder arbeiten wir noch ohne Geräuschablenkungen. Einige interessierte Anwesende rund um das Feld sind aber immer gern gesehen. Wenn der Hund intensiv arbeitet, sprechen wir ab und an im normalen Ton das Hörzeichen „Such". Bald gehört dieses Hörzeichen zur Arbeit dazu.

Beim dritten Geruchsfeld können wir schon mit leichten Ablenkungen anfangen. Dazu gehören lautere Gespräche unter den Umstehenden und Geräusche wie Klatschen, Pfeifen usw. Aber nicht gleich übertreiben, sondern dem Hundetyp angepasst vorgehen. Es darf auch einmal gänzlich ruhig sein. Wetter und/oder Wind spielen hierbei keine Rolle. Wir steigern langsam die Zeit der Ausarbeitung bis auf 30 Minuten.

Diese Arbeit ist auch für fertige, zu schnell suchende Hunde oder auch faselnde Hunde sehr geeignet. Der Hund kommt zur Ruhe und kann besser lernen.

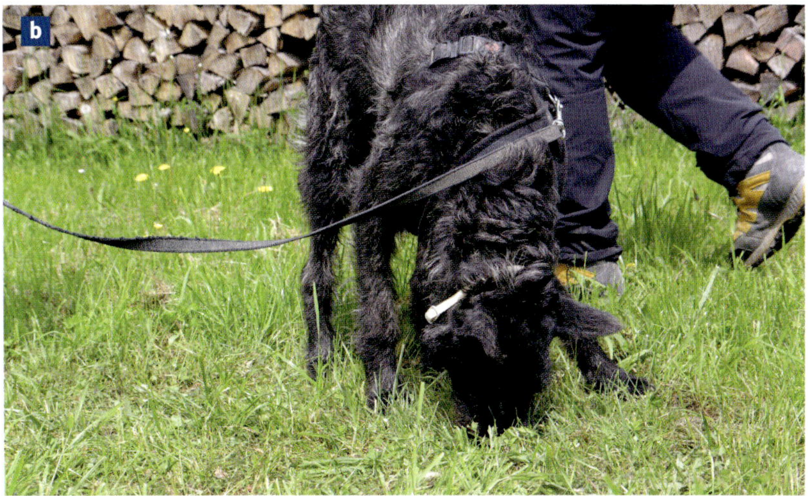

Die Ablenkung auf dem Geruchsfeld kann zum Beispiel durch Berührung (a) oder das Vorbeigehen einer fremden Person (b) erfolgen.

Wir arbeiten so lange im Geruchsfeld, bis der Hund von Anfang an sicher, intensiv und ruhig das Feld absucht. Ab und zu stecken wir eine Fährtentafel oder einen Markierungsstock an den Anfang des Geruchsfeldes, er gehört dann zum gewohnten Bild, ohne eine zu große Motivation (kann bei anderen Methoden geschehen) zu werden.

Übergang zur Schrittfährte

Übung!
Wir treten wieder wie gewohnt ein Geruchsfeld aus. Dieses wird wie immer bestückt. Zusätzlich beginnen wir mit einer Schrittfährte aus dem Geruchsfeld. Die Schritte müssen in Verbindung zueinander stehen. Sie werden intensiv, wie

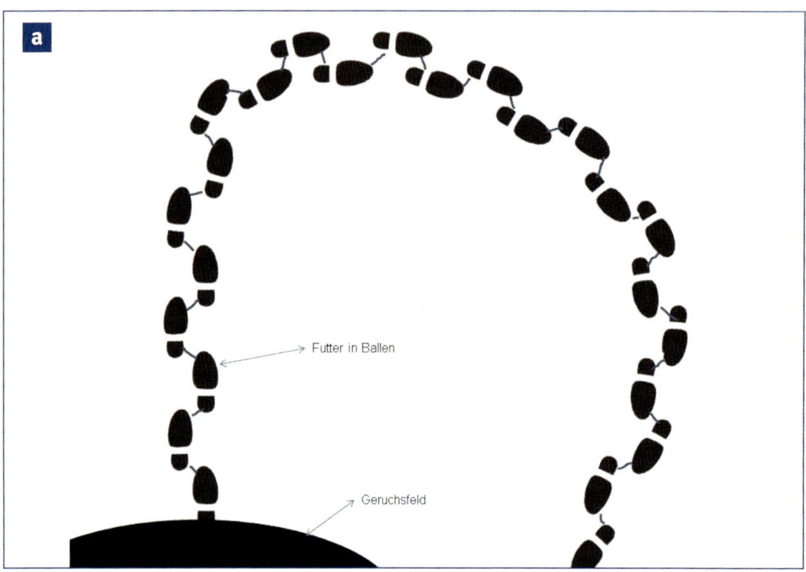

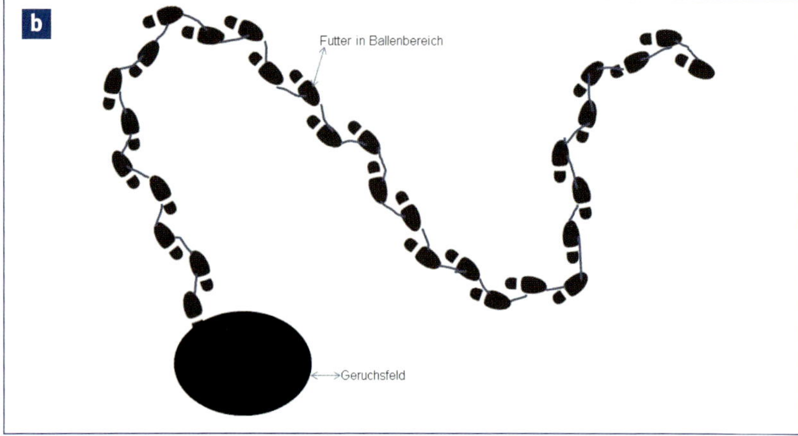

Zwei Beispiele für das Anlegen einer Schrittfährte.

auch das Geruchsfeld, getreten und in jedem Ballenbereich (wichtig!) mit einem Futterstück versehen. Die Schrittfährte ist am Anfang etwa 30 Schritte lang und wird nicht gerade, sondern in einer Kurve oder Schlangenlinie gelegt.

Wir lassen den Hund wie gewohnt im Geruchsfeld arbeiten. Der Zugang zur Schrittfährte wird von uns blockiert, das heißt, wir postieren uns auf dem Ausgang des Geruchsfeldes. Sucht der Hund intensiv und ruhig das Geruchsfeld ab, heben wir die Blockade auf und lassen den Hund in die Schrittfährte hineinarbeiten. Bitte nicht hineinlocken, sondern abwarten, bis der Hund selbstständig hineinfindet.

Der Hund wird an der Trainingsleine geführt. Der Abstand zum Hund sollte nicht zu groß sein. Er wird erst nach dem Futterabbau vergrößert. Der Hund wird nun jeden Schritt mit leichter Pendelbewegung intensiv und ruhig ausarbeiten. Am Ende der Schrittfährte geben wir dem Hund ein Futterstück wie auf der Fährte und führen ihn nun ruhig weg von der Fährte.

Das Geruchsfeld verändert sich im weiteren Verlauf des Trainings nicht, wir erhöhen lediglich langsam die Schrittzahlen. Zwischendurch trainieren wir auch immer wieder einmal nur im Geruchsfeld! Die Fährte wird auf diese Art bis auf 300 Schritte ausgebaut und ab und zu werden Winkel eingebaut. Durch das Legen von Kurven im Wechsel wird der Hund hier keine Probleme haben.

BITTE BEACHTEN!

Ab sofort immer das gleiche Futter verwenden. Am besten haben sich Würstchen bewährt. Es kann aber auch etwas anderes verwendet werden.
Das Futter wird in kleine Stücke geschnitten. Es sollte sich farblich nicht zu sehr vom Untergrund abheben.

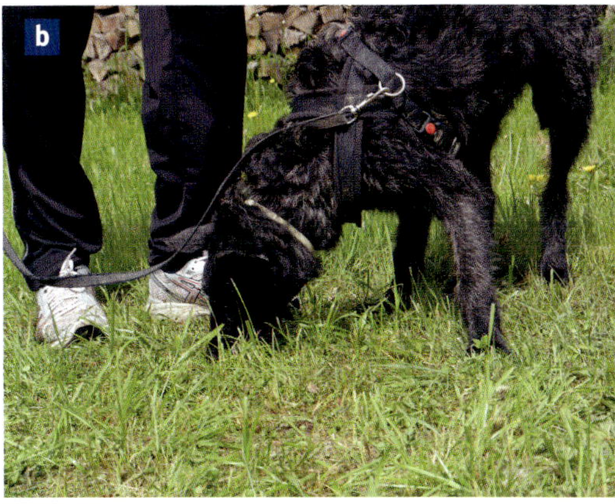

Eine Blockade durch den Teamführer (a) und das Aufheben der Blockade (b).

Ab und zu beenden wir die Fährte mittendrin für den Hund in positiver Weise, und zwar am besten dann, wenn der Hund gerade konzentriert sucht. Wir loben den Hund für sein Verhalten, sagen „Fertig" oder „Ende" und geben dem Hund ein Futterstück wie auf der Fährte und führen ihn von der Fährte weg. Diese Maßnahme sollte der Hund kennenlernen, denn wir benötigen diese bei der Überforderung (siehe Kapitel „Problembewältigung").

Der beschriebene Aufbau ist mühsam und zeitintensiv, wird aber mit Erfolg belohnt. Mit dieser Ausbildungsart werden dem Hund ein langsames Suchverhalten und das richtige Suchbild vermittelt.

Geländewechsel und Verleitungen

GELÄNDEWECHSEL

Für einen Geländewechsel werden verschiedene Untergründe wie Wiese, Acker und Wald benötigt. Geländewechsel bedeutet dann, zum Beispiel von einer Wiese in den Acker oder in den Wald und umgekehrt in beliebiger Reihenfolge zu arbeiten. Auch Überquerungen von Wegen und Straßen gehören dazu.

Sind wir bei ungefähr 300 Schritten angelangt, können wir mit dem Geländewechsel beginnen. Zusätzlich wird das Geruchsfeld am Anfang der Fährte laut PO in ein Abgangsfeld umgeändert. (Kurz betreten, Fährtentafel links neben Abgang gesteckt und dann wie gewohnt begangen.) Der sogenannte Abgang wird auch mit Futter bestückt. Ab und zu wird immer mal wieder mit einem Geruchsfeld gearbeitet.

Übung!
Wir setzen die Schritte wie gewohnt und gehen dann in das neue Gelände, ohne etwas an den Schritten, deren Intensivität usw. zu verändern. Hier bieten sich kleinere Parzellen mit unterschiedlichem Bewuchs und verschiedenen Böden an. Im anderen Gelände werden auch ab und zu Geruchsfelder gelegt. So gewöhnt sich der Hund an unterschiedliche Untergründe. Schnell lernt er damit umzugehen und sicher auf der Spur zu bleiben.

Ist der Hund hier sicher, beginnen wir damit, Wege und Straßen zu überqueren. Auch hier arbeiten wir noch, wie bisher, mit unserem Futter und beginnen zunächst mit schmalen Wegen und überqueren erst später breitere Wege. Wir vermitteln dem Hund, das gelernte Suchverhalten nicht zu verändern.

Übung!
Wir beauftragen eine uns bekannte Person, unsere Fährte an einem bestimmten Punkt zu überqueren. Auf die Verleitung wird kein Futter gelegt. Der Hund erkennt die Verleitung, bleibt aber auf der Ursprungsfährte, denn diese ist ja noch mit Futter bestückt.

Um den Schwierigkeitsgrad zu steigern, lassen wir die Person mehrfach die Fährte in unterschiedlichen Winkeln und zu versetzten Zeiten (nach 10, 15, 20 Minuten usw.) überqueren. Der Hund lernt hierbei die Fährten zu unterscheiden. Wir wechseln die Auftragspersonen, um einen Wiedererkennungswert für den Hund zu vermeiden.

VERLEITUNGEN

Als Verleitung bezeichnen wir Trittspuren, welche von Auftragspersonen gelegt worden sind und die von uns gelegte Fährte mehrfach überschneiden. Auch natürliche Verleitungen können unsere Fährte kreuzen wie zum Beispiel Wildspuren oder Traktorspuren.

Nicht vergessen: Wir arbeiten ohne sichtbar erkennbares Fährtenschema!

Auf Geländewechsel und Verleitungen kommen wir später, nach dem Futterabbau, noch einmal zurück.

Gegenstandsarbeit

Gegenstandsarbeit bedeutet, dass der Hund einen ausgelegten Fährtengegenstand sicher und überzeugend verweisen soll. Dies kann in den Positionen Sitz, Platz oder Steh erfolgen.

Die möglichen Gegenstände haben wir bereits am Anfang unter dem Punkt Ausrüstung kennengelernt. Die Gegenstände sollen gut verwittert sein, dies bedeutet: Der Fährtenleger soll die Gegenstände mindestens 20 Minuten an seinem Körper getragen haben, damit sie den Individualgeruch des Fährtenlegers angenommen haben. Die Fährtengegenstände werden nach Gebrauch in die Kühltruhe gelegt, damit der Individualgeruch wieder verloren geht. Ab und zu sollte man die Fährtengegenstände mit anderen Hundeführern tauschen bzw. neue kaufen.

ACHTUNG!

Nicht immer die gleichen Gegenstände nehmen und diese nicht in einer Kiste oder einem Behältnis mit den anderen Utensilien aufbewahren, sonst haben alle Gegenstände den gleichen Grundgeruch. Dies darf nicht der Fall sein.

Das Gegenstandsverweisen mit Bestätigung.

Wann werden die Gegenstände in die Fährtenarbeit eingebaut?
Diese Antwort ist recht einfach: Wenn der Hund in der Ausbildung sicher die gewünschte Position Sitz, Platz oder Steh beherrscht, wird der Gegenstand in die Fährtenarbeit integriert. Der Gegenstand wird zu Anfang immer an das Ende der Schrittfährte gelegt. Ich arbeite mit Verweisen im Platz, Sie können aber auch mit den anderen Positionen arbeiten. Das Lernen der Position wird im Kapitel Platzübung im Bereich Gehorsam beschrieben. Die Übung Platz wird dem Hund **positiv** vermittelt.

Übung!
Wir lassen den Hund die Schrittfährte an der kurzen Trainingsleine ausarbeiten. Kommt er zum Gegenstand, geben wir im normalen Ton, wie schon geübt, das Hörzeichen „Platz". Der Hund kennt das Hörzeichen und wird es sofort befolgen. Dann zeigen wir dem Hund den Gegenstand und geben ihm das gleiche Futter von vorne, welches auf der Fährte ausgelegt ist.

Wir können das Verhalten am Gegenstand mit dem Sekundärverstärker Clicker (im Moment des Ablegens am Gegenstand clicken) oder dem Ja-Marker (ein „Ja" für das richtige Verhalten am Gegenstand) und der Belohnung verstärken.

VORSICHT!

Wenn wir den Gegenstand zu wertvoll mit unseren Bestätigungen machen, wird er zur Motivation. Unter Umständen wird der Hund die Suchgeschwindigkeit erhöhen, um an den Gegenstand zu kommen. Besser ist es daher, wir loben den Hund ab und zu auf der Fährte **und** *am Gegenstand.*

Wir achten darauf, dass der Hund den Gegenstand richtig, das heißt zwischen den Vorderläufen, verweist. Die Futterabgabe am Gegenstand muss immer von vorne, also vor dem Hund, erfolgen. Der Hund soll gerade am Gegenstand liegen. Ein Schrägliegen oder Umdrehen zum Hundeführer wird durch diese Art der Bestätigung vermieden. Wenn wir konsequent diese Prozedur am Gegenstand durchführen, wird der Hund nach einigen Übungseinheiten den Gegenstand selbstständig, sicher und überzeugend verweisen.

Übung!
Wir trainieren auch das längere Verweilen am Gegenstand. Dazu entfernen wir uns vom Hund, kommen wieder zurück und loben den Hund für das Warten.

Als Nächstes lernt der Hund, in die sogenannte Grundstellung links vom Hundeführer in die Sitzposition (erst wenn die Position Sitz erlernt ist) zu gehen. Die Sitzposition wird dem Hund positiv vermittelt (siehe Gehorsam im Kapitel „Sitzübung“). Das Sitz, wenn es nicht die Position zum Verweisen ist, brauchen wir am Ende der Prüfungsfährte, bevor wir uns abmelden. Hierzu muss der Hund nach Verweisen des letzten Gegenstandes und nachdem wir dem Prüfungsrichter den Gegenstand gezeigt haben, in die Grundstellung genommen werden.

So sieht korrektes Verweisen aus.

Nach dem Gegenstandsverweisen nimmt der Hund die Grundstellung ein.

Übung!
Wenn der Hund diesen Ausbildungsabschnitt sicher beherrscht, geht die Fährte nach dem Gegenstand weiter. Direkt am und hinter dem Gegenstand liegt kein Futter (sonst besteht die Gefahr des Gegenstandüberlaufens). Dieses wird erst nach Verweisen gelegt.

Wir verdecken dem Hund kurz die Augen oder lassen uns anschauen und legen für den Hund nicht erkennbar ein Futterstück auf die weiterlaufende Fährte. Dann geben wir das Hörzeichen „Such“ und der Hund wird sein gelerntes Suchverhalten zeigen. Damit ist der Aufbau der Gegenstandsarbeit abgeschlossen.

Futterabbau und Festigen des Erlernten

Ein letzter wichtiger Abschnitt in der Ausbildung zum Fährtenhund wird in diesem Kapitel beschrieben: der Futterabbau. Auf einer Prüfungsfährte liegt kein Futter. Der Futterabbau ist die schwierigste Aufgabe für das Team und muss sehr sensibel in kleinen Schritten erfolgen.

FUTTERABBAU

Futterabbau bedeutet nicht, dass der Hund ab sofort kein Futter mehr erhält. Der Abbau muss langsam und überlegt erfolgen. Der Hund wird immer mal wieder für tolle Arbeit belohnt. Die Bestätigung sollte variabel ohne ein bestimmtes Schema erfolgen. Immer wieder zwischendurch werden Fährten mit Futter durchgeführt.

> **TIPP!**
>
> *Wenn mit dem Futterabbau begonnen wird, sollten nicht noch andere Faktoren wie Schrittlänge oder Länge der Fährte verändert werden.*

Durch unsere Vorarbeit haben wir schon einen entscheidenden Schritt geschafft, um einen häufig gemachten Fehler zu vermeiden. Viele, auch erfahrene Hundeführer, fangen viel zu früh mit dem Abbau des Futters an. Kaum hat der Hund verstanden, welches Suchbild er zeigen soll, schon wird das Futter abgebaut. Frust des Hundes und des Hundeführers sind hier vorprogrammiert. Es sind sehr viele Fährten mit Futter (bis zu 100) erforderlich, bevor mit dem Abbau begonnen werden darf.

Wir wollen den Hund nicht frustrieren, sondern dazu anregen: Suchen lohnt sich, streng dich an und du wirst Futter finden. Wie machen wir das? Ganz einfach.

Übung!
Wir legen die Schrittfährte wie immer. Es wird noch keine Schrittverlängerung eingebaut. Wir legen in die Ballenabdrücke am Anfang die normalen Futterstücke. Zusätzlich haben wir ganz kleine Futterstücke, die wir jetzt geschickt in die Fährte einarbeiten. Man sollte immer kleine Sequenzen, also zwei bis drei Schritte, einbauen, dann wieder normal bestücken wie gehabt. Die Sequenzen, die zufällig gewählt sind, werden mit der Zeit dann immer länger.

Zeigt der Hund hier keine Veränderung der Suchleistung, sind wir auf dem richtigen Weg. Es kann allerdings sein, dass der Hund in den Sequenzen etwas langsamer wird oder mal kurz stehen bleibt. Bitte geduldig abwarten! Der Hund wird nach kurzer Zeit wieder wie gewohnt weitersuchen.

Verändert sich das Suchverhalten, sind wir etwas zu schnell mit dem Abbau des Futters. Im Wechsel sollte man dann wieder eine Fährte mit Futter einbauen. Arbeitet der Hund die Sequenzen mit ganz kleinen Futterstücken ebenso wie die mit normal bestücktem Futter aus, können wir Sequenzen ohne Futter, die identisch aufgebaut werden, einplanen.

Alternativ hierzu können wir auch mit Tupfsequenzen arbeiten. Statt kleinster Futterstücke tupfen wir unser Futter in die Ballen, ohne es abzulegen. Ansonsten wird genauso gearbeitet wie zuvor beschrieben.

Ist dieser Abbau und Wechsel mit Futter bestückter Fährte erfolgreich verlaufen, können wir mit Veränderung der Schrittlänge (etwa 70 cm) und normal begangenen Fährten (nicht mehr stark treten) beginnen. Auch hier sollte man anfangs mit Futter arbeiten und langsam abbauen. Es wird immer nur eine neue Schwierigkeit hinzugefügt und nicht alles auf einmal verändert, sonst wird unser Hund überfordert bzw. kann den Ausbildungsschritt nicht verstehen.

NICHT VERGESSEN!

Legen Sie zwischendurch immer wieder Fährten mit Futter. Seien Sie variabel in der Ausbildung und erwarten Sie nicht zu viel auf einmal.

Danach folgen Geländewechsel und Verleitungen und Verlängern der Fährte bis zur Prüfungsreife.

Eine gute Möglichkeit ist auch der Einbau von Futterdepots. Irgendwo auf der Fährte befindet sich ein Futterdepot mit mehreren kleinen Stücken Futter. Dies kann bei langen Fährten auch mehrfach, allerdings ohne erkennbares Schema, eingebaut werden. So hat der Hund immer die Erwartung, dass auch nach langer Durststrecke etwas kommt. Nach dem Motto: Wenn ich weitersuche, kommt sicher wieder eine Belohnung.

Orientierung im Gelände

Wenn wir beginnen, die Fährtenlänge zu vergrößern, ist es wichtig, nicht die Orientierung zu verlieren.

Als erstes brauchen wir einen Notizblock, am besten DIN A 4, mit einem auch bei Nässe schreibbaren Kugelschreiber oder einem Bleistift (falls es mal regnet). Auf den Block zeichnen wir alle markanten Geländemerkmale wie Bäume, Sträucher, Büsche, Wege, Geländewechsel, Strommasten, Wälder usw. ein. Man sollte keine beweglichen oder mobilen Ziele nehmen. Danach zeichnen wir den geplanten Fährtenverlauf in die Skizze ein. Das Üben erfolgt öfter, um Routine zu bekommen.

Schätzen Sie von ihrem Standpunkt bis zu einem Baum den Abstand. Halten Sie die Zahl fest. Dann gehen Sie mit großen Schritten bis etwa 1 Meter auf den Baum zu. Haben Sie richtig geschätzt? Wenn ja, super, wenn nein, auch nicht schlimm. Egal wo Sie sind: Schätzen Sie, schreiten Sie ab und Sie werden sehen, nach nicht allzu langer Zeit können Sie sehr gut schätzen.

ACHTUNG!

Bauen Sie keine künstlichen Markierungen wie Fährtenstöckchen oder Markierungsspray oder -pulver als Hilfsmittel auf der Fährte ein. Hunde nehmen feinste Veränderungen auf der Fährte wahr und benützen diese dann zur Orientierung. Arbeiten Sie nur mit natürlichen Orientierungspunkten.

Vielleicht kennen Sie auch einen Fährtenleger oder Teamführer, der ihnen dabei helfen kann. Bitten Sie ruhig um Unterstützung. In der Ausbildung zum Fährtenhund wird uns bald eine Fremdperson die Fährte (Fremdfährte) legen. Hier ist eine genaue Skizze zur Orientierung sehr wichtig und im Team können Fehler schneller erkannt und eliminiert werden.

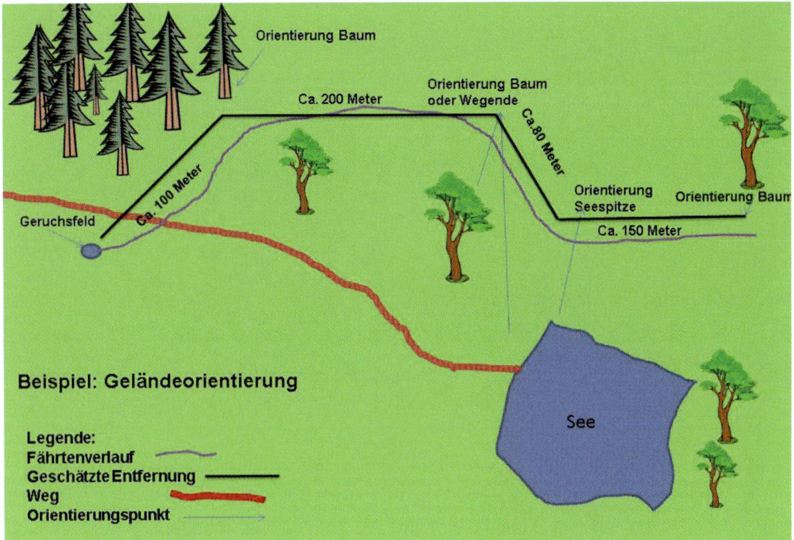

Eine Skizze mit Beispielen für die Orientierung im Gelände.

Gehen Sie bitte nicht zu nahe an natürliche Geländemerkmale wie einen Baum oder Geländewechsel heran, sonst kann es passieren, dass ein Rüde vielleicht seine Markierung setzt oder Ihr Hund, falls dies öfter vorkommt, die natürlichen Markierungen im Unterbewusstsein speichert und in sein gelerntes Suchbild einbaut.

Klappt es auch mit der Orientierung im Gelände, gibt es noch eine „Kleinigkeit", die nicht außer Acht gelassen werden darf.

Problembewältigung

Jedem Hundesportler unterlaufen einmal Fehler, das liegt in der Natur der Sache. Auch der Hund arbeitet nicht wie eine Maschine. Denken Sie erst darüber nach, bevor Sie vorschnell handeln.

Wir vermeiden jeglichen Druck, Leinenruck, verschärfte Hörzeichen und analysieren die Situation. In der modernen Hundeausbildung haben diese antiquierten Maßnahmen keinen Platz mehr.

Windeinfluss

Bei sehr starkem Wind kann es vorkommen, dass der Hund nicht genau in der Spur bleibt. Vor allem mit Futter, aber auch ohne, kann es sein, dass er je nach Windrichtung links oder rechts von der Spur sucht. Hier versuchen wir nicht den Hund zurück auf die Fährte zu ziehen, denn jegliche Maßnahme dazu bringt den Hund in eine Stresssituation. Damit lässt die Konzentration des Hundes nach oder er verweigert das Weitersuchen. Verlassen Sie sich auf Ihren Hund, denn er hat das Fährten gelernt.

Verlassen der Fährte

Es kann auch einmal passieren, dass der Hund die Fährte verlässt. Dafür kann es verschiedene Gründe geben.

Hierzu zählt zum Beispiel ein Fährtenabbruch; dies bedeutet, es gibt keine direkte Verbindung zur weiteren Fährte. Auch etwas sehr intensiv Riechendes neben der Fährte kann der Grund sein.

Bleiben Sie einfach ruhig stehen und geben Sie dem Hund die Zeit, wieder auf die Fährte zurückzufinden. Wenn Sie mit der Trainingsleine arbeiten, lassen Sie den Hund bis zur maximalen Leinenlänge von der Fährte abweichen. Wenn Sie mit der Fährtenleine arbeiten, lassen Sie höchstens 3 Meter zu und verhalten sich wie eben aufgeführt. Nicht rucken, sondern nur stehen bleiben!

Der Hund wird nach einiger Zeit wieder auf die Ursprungsfährte zurückkehren. Er macht hierbei eine wichtige Erfahrung: Es geht nicht weiter, wenn er die Fährte verlässt. Es gibt auch keinerlei Belohnungen.

Kommt der Hund wieder auf die Fährte zurück, loben wir den Hund, bei einer Futterfährte wird er zusätzlich durch das Futter bestätigt. Durch das selbstständige Lösen des Problems wird auch der Hund ruhig bleiben und das richtige Verhalten in solchen Situationen abspeichern. Dies wäre: Ruhig die nähere Umgebung absuchen, es geht irgendwo in der Nähe weiter.

Überforderung

Wir Menschen neigen dazu, unsere Hunde manchmal zu überfordern, zum Beispiel wenn es sehr heiß oder das Gelände sehr schwierig ist. Wie kann ich die Überforderung erkennen? Der Hund sucht nicht mehr direkt am Boden, sondern mit sogenannter „hoher Nase“ oder der Hund sucht mit geöffnetem Fang.

Am besten brechen wir die Fährte an der Stelle ab (siehe auch Kapitel „Übergang zur Schrittfährte“). Auf diese Weise vermeiden wir eine negative Verknüpfung zur Fährtenarbeit und eine falsche Einwirkung unsererseits.

Da der Hund diese Maßnahme schon kennt, lernt er nicht, durch sein Verhalten die Fährte beenden zu können.

Gegenstand wird überlaufen

Auch das kommt vor. Der Hund hat eventuell eine schwierige Fährte und ist so konzentriert, dass der Gegenstand außer Acht gelassen wird. Wir nehmen den Gegenstand auf und platzieren ihn etwas weiter vorne auf der Fährte.

Und dies können wir dann beim nächsten Gegenstand tun: Wir lassen den Hund ein bisschen länger am Gegenstand liegen, gehen etwas weiter nach vorne und legen den überlaufenen Gegenstand wieder auf die Fährte. Wir können auch einen anderen Teamführer damit beauftragen. Wir achten auf das richtige Verweisen des wieder ausgelegten Gegenstandes und können es mit der Abgabe des Hörzeichens „Platz", wie gelernt, in normaler Lautstärke und Tonlage verbinden.

Es könnte auch sein, dass der Gegenstand nicht richtig verwittert ist, dies bedeutet, er war zu kurz am Fährtenleger und der Individualgeruch ist noch nicht ausreichend vorhanden.

Sollten nicht hier genannte Probleme auftauchen, bleiben Sie ruhig und gelassen, beenden die Fährte positiv und besprechen Sie das Ganze im Team oder mit anderen Hundeführern.

Die Fährtenarbeit soll Ihnen und Ihrem Hund Spaß machen und eine tolle Ergänzung zum normalen Hundeleben darstellen. Auf diese Weise erhalten Sie einen gut ausgebildeten Fährtenhund, der Spaß an den Fährten hat und dem Teamführer viel Freude bereitet.

Die Unterordnung

Der Begriff Unterordnung wurde zu Beginn des Hundesports, quasi in der Steinzeit, festgelegt und ist leider nicht mehr geändert worden. Damals wurden die Hunde, teilweise mit brachialer Gewalt, wahrhaftig untergeordnet. Dieser Umgang mit dem Hund gehört zum Glück längst der Vergangenheit an. Heute wollen wir eine freudige, harmonische und konzentrierte Arbeit des Hundes sehen.

Das Apportieren gehört auch zum Bereich Unterordnung und macht dem Hund ersichtlich Spaß.

Dies alles kann nur funktionieren, wenn die Bindung zwischen Hund und Teamführer stimmt und die Ausbildung über das Verstehen des Hundes, gepaart mit der richtigen Motivation, abläuft. Wir wollen Spaß und Freude bei der Ausbildung haben und der Hund soll nicht zur Maschine degradiert werden.

Die Bereiche Bindung und Erziehung haben wir bereits im ersten Teil des Buches behandelt und erfolgreich in die Ausbildung des Hundes integriert. Die Arbeit in diesem Bereich bezeichne ich als Teamarbeit.

Die Ausrüstung

Bevor es an die Ausbildung geht, benötigen sowohl Hund als auch Hundeführer eine bestimmte Ausrüstung.

Ausrüstung für den Hund	Ausrüstung für den Hundeführer
Leckere Futterstücke, nicht zu groß	*Allwetterbekleidung*
Motivationsgegenstände wie Ball, Beißwurst, Spielzeug	*Bequemes, wasserdichtes Schuhwerk*
Halsband (Kettenhalsband eingliedrig), ist laut PO vorgegeben	*Regenfeste Jacke mit Kapuze und vielen Taschen für den Winter*
1 Meter lange Leine	*Leichte Jacke mit vielen Taschen für den Sommer*
Leitwirkungen (Zäune, Stangen usw.)	*Hilfspersonen*

HINWEIS!

Auch für die Unterordnung ist laut Prüfungsordnung ein eingliedriges Kettenhalsband vorgeschrieben. Zur Ausbildung und zum Training ist es aber jedem selbst überlassen, was für ein Halsband er für seinen Hund verwendet. Wie auf den Fotos zu sehen ist, werden auch bei uns teilweise andere Halsbänder bzw. auch Geschirre zum Üben verwendet.

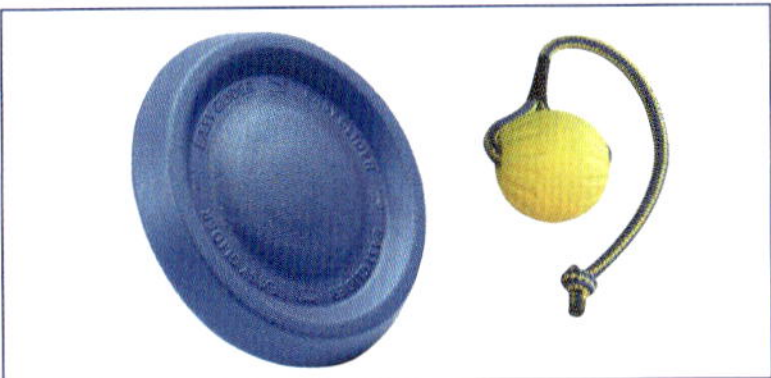

Verschiedene Motivationsgegenstände, die bei der Ausbildung verwendet werden.

Für verschiedene Übungen ist die Verwendung von Abgrenzungen sinnvoll.

Grundaufbau

Parallel zur Fährtenarbeit beginnen wir mit dem Grundaufbau in der Teamarbeit. Zuerst lernen wir das richtige Anlegen von Halsband oder Geschirr. Dies können wir ganz einfach mit Futter eintrainieren.

Übung!

Wir zeigen dem Hund das Halsband oder Geschirr und geben ihm ein Leckerchen. Das machen wir mehrfach am Tag über mehrere Tage hinweg. Halsband und Geschirr werden aber noch nicht angezogen. Dann berühren wir den Hund mit dem Halsband oder Geschirr, loben ihn und geben dafür ein Leckerchen. Dann legen wir das Geschirr bzw. Halsband auf den Hund, loben und bestätigen. Jetzt hat der Hund eine positive Verknüpfung zu den Fremdobjekten und wir können mit dem Anlegen beginnen.

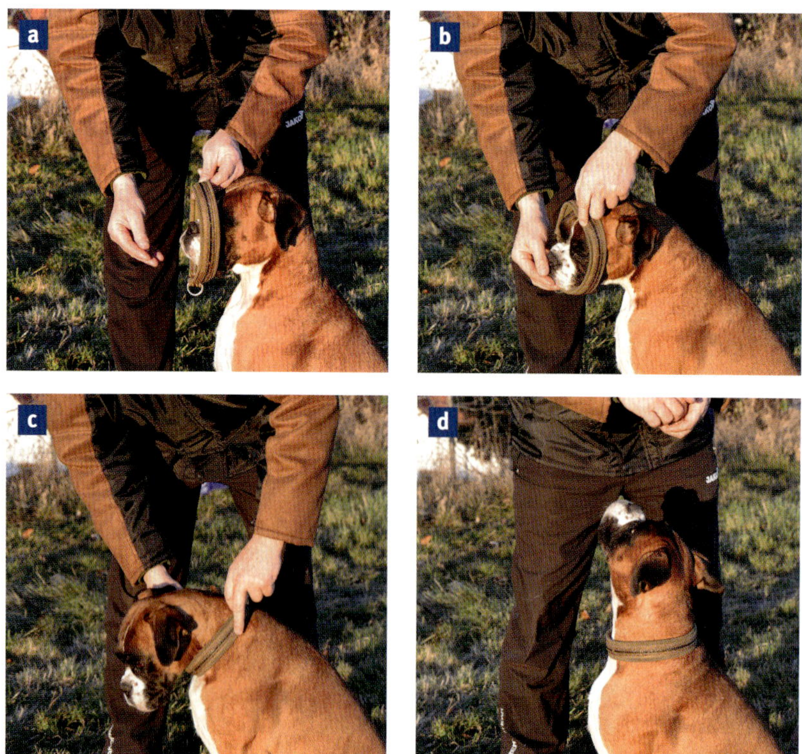

Das richtige Anlegen des Halsbands wird mit Futter trainiert.

Generell arbeiten wir mit einer 1-Meter-Leine, aber nicht, um mit Leinenrucken auf den Hund einzuwirken, sondern seinen Bewegungsdrang, falls erforderlich, einzuschränken.

MOTIVATION

Motivation sorgt für Aufmerksamkeit und steigert die Erwartungshaltung des Hundes.
Ohne Aufmerksamkeit kein optimaler Hundesport!

Wir erinnern uns: Wir bleiben stehen und warten, bis der Hund wieder bereit ist weiter zu arbeiten. Dieser Lerneffekt ist uns bereits aus der Fährtenarbeit bekannt. Mit der Aktion „Weglaufen" erreicht der Hund nichts. Es geht nur über und mit dem Teamführer weiter.

Kommen wir nun zum grundsätzlichen Aufbau der Teamarbeit. Hier hat es oberste Priorität, den Hund richtig zu motivieren.

Der Teamführer muss lernen, seinen Hund richtig zu motivieren, ohne ihn unkontrolliert werden zu lassen.

Futtermotivation

Es genügt nicht einfach nur, Futter zu geben, denn dann wären wir ein Futterautomat.

Übung!

Wir machen das Futter interessant. Wir bewegen das Futter im Bereich unseres Gesichtsfeldes und achten auf die Aufmerksamkeit des Hundes. Wir erzeugen damit Spannung. Sicherheitshalber kann der Hund von einer Hilfsperson an der Leine gehalten werden, damit er nicht selbstständig loslegt. Wir können auch unser Handzeichen für das Warten, wie bereits beschrieben, verwenden.

Auf diese Weise nimmt der Hund zum einen unsere Gesichtsmimik wahr und zum anderen wird das Futter interessant. Mit einem Auslöselaut unsererseits (zum Beispiel „dada", dies ist frei wählbar) führen wir das Futter mit geschlossener Hand vor die Nase des Hundes, lassen den Hund andocken, laufen kurz mit geschlossener Hand rückwärts und öffnen dann die Hand, damit er sich seine Belohnung holen kann.

a

b

Durch die Futtermotivation werden Spannung und Aufmerksamkeit erzeugt.

Gegenstandsmotivation

Die Gegenstandsmotivation ist ähnlich der Futtermotivation.

Übung!

Wir bewegen den Gegenstand (Ball, Beißwurst, Spielzeug usw.) vor unserem Gesichtsfeld und achten auf die Aufmerksamkeit des Hundes. Wir erzeugen damit Spannung. Sicherheitshalber kann der Hund von einer Hilfsperson an der Leine gehalten werden, damit er nicht selbstständig loslegt. Wir können auch unser Handzeichen für das Warten, wie bereits beschrieben, verwenden.

Auf diese Weise nimmt der Hund zum einen unsere Gesichtsmimik wahr und zum anderen wird der Gegenstand interessant. Mit einem Auslöselaut unsererseits führen wir den erwählten Gegenstand vor den Fang des Hundes – wir sollten ihn aber nicht gleich reinbeißen lassen –, machen ein kurzes Fangspiel, lassen ihn dann zufassen und beenden die Aktion mit einem Zerrspiel, welches der Hund gewinnt. Wir können dann den Gegenstand wieder mit Futter tauschen.

Der grundlegende Unterschied dieser Motivationsarten liegt in der Sache selbst:

Futter	→	**gezielt führen**
Gegenstandsmotivation	→	**Geschwindigkeit fördern**

Wir werden in den einzelnen Übungen darauf zurückgreifen!

Statt mit Futter kann auch mit einem Spielzeug Spannung aufgebaut werden.

ACHTUNG!

Bei zu hoher Motivation (übermotiviert) kann der Hund nicht mehr lernen. Das Streben des Hundes gilt nur noch der Motivation, alles andere wird nicht mehr aufgenommen.

Der Hund muss Aufmerksamkeit (Erwartung) in Ruhe lernen, um klar im Kopf und damit aufnahmefähig zu bleiben.

Um die volle Aufmerksamkeit zu erhalten, gibt es eine tolle Übung, die wir später immer mal wieder einbauen und welche die Übung Futter- und Gegenstandsmotivation leicht abwandelt.

Übung!

Die Übung für die Ausführung der Motivation wird wie vorher beschrieben durchgeführt, aber statt dem Auslöselaut erfolgt eine kurze Spielsequenz mit Futter oder Beute, ohne dass der Hund die Belohnung erhält. Dann verharren wir ganz überraschend aus der Bewegung heraus. Der Hund wird, wenn wir überzeugend sind, ebenso verharren. In diesem Moment ist der Hund in der gewünschten Erwartungshaltung (aufmerksam). So können wir die Ruhe, bevor es weitergeht, einbauen und der Hund bleibt kontrollierbar.

Gerade bei Hunden, die leicht zum Überdrehen neigen, ist diese Übung eine gute Alternative, um eventuelle Einwirkungen zu vermeiden. Sie lernen sich dann zu beherrschen.

Wir werden im Folgenden die Übungen laut Reihenfolge der PO behandeln.

Bleibt der Hund in Ruhe aufmerksam, ist er besser kontrollierbar.

TIPP!

Die ersten Übungen sollten zuerst zu Hause in Ruhe und ohne Ablenkung trainiert werden. In einem neutralen und ruhigen Umfeld lernt der Hund anfangs am schnellsten.

Der Aufbau der einzelnen Übungsteile erfolgt anfangs ohne Hörzeichen. Hier verknüpft der Hund Verhaltensweisen, die zur vollendeten Übung führen. Die Hörzeichen fügen wir erst nach einigen Wiederholungen hinzu.

Das Futtertreiben

Wir beginnen zunächst mit dem Futtertreiben. Der Hund soll lernen, intensiv das „Futter" zu treiben.

Übung!

Wir halten das Futter in Kopfhöhe des Hundes und gehen langsam rückwärts. Je mehr der Hund sein Futter einfordert, umso mehr Futter bekommt er. Dazu nehmen wir am besten ein langes Stück Wurst oder Ähnliches, welches der Hund, wenn er fordert, Stück für Stück abbeißen kann. Vorteil des langen Stückes: Wir können es in der Hand gut nachschieben.

Das Futtertreiben ist die Grundlage für einige weitere Übungen.

Diese Übung führen wir mehrmals am Tag in ganz kurzen Einheiten durch. Der Hund wird sehr schnell verstehen, welches Verhalten zum Futter führt. Bauen Sie auch hier vorher ein- bis zweimal die Übung zur Erhöhung der Erwartungshaltung ein. Wir geben hier noch keinerlei Hörzeichen. Loben ist in Ordnung, man sollte allerdings nicht zu viel loben. Das lenkt ab.

Nachdem der Hund uns drangvoll rückwärts treibt, gehen wir zum Vorwärtstreiben über.

Übung!

Die rechte Hand hält das Futter vor die Nase des Hundes. Die linke Hand, seitlich auf Augenhöhe des Hundes, grenzt den Hund, ohne ihn zu berühren (passive Einschränkung), zum Geradelaufen ein. Wer nicht mit rechts führen kann, führt mit links, allerdings sollten wir dann links vom Hund mit einer passiven Einschränkung arbeiten.

ERKLÄRUNG!

Passive Einschränkungen wirken nicht aktiv auf den Hund ein. Sie bewirken ein gewünschtes Verhalten, welches im Unterbewusstsein des Hundes gespeichert wird. In diesem Fall ist es das gerade Mitgehen.

Wir werden im weiteren Verlauf immer wieder mit diesen passiven Einschränkungen arbeiten. Der Hund verarbeitet sie im Unterbewusstsein neutral, da sie für ihn keinen direkten Einfluss auf sein Verhalten haben.

Das Vorwärtsgehen des Hundes mit passiver Einschränkung.

Dieses Vorwärtstreiben fördert durch die optimale Handführung die richtige Fußposition. Laut Prüfungsordnung geht der Hund auf der linken Seite, seine Schulter sollte auf Kniehöhe des Hundeführers sein. Die geschlossene Hand, mit Futter wie zuvor beschrieben bestückt, wird so gehalten, damit wir dem Hund die richtige Position ermöglichen können. Ab und zu öffnet sich die Hand und der Hund kann dann das begehrte Futter erhalten.

Das Führen mit der Hand.

Übung!
Wir starten mit dem linken Fuß und gehen anfangs immer geradeaus, bis der Hund und wir den optimalen Schritt gefunden haben (harmonisch und gleichmäßig, ohne verspannt zu wirken). Wir halten an und bringen den Hund mit der Hand über dem Kopf nach hinten bewegend in die Grundstellung. Bestätigung nicht vergessen!

Dann gehen wir los und führen die Hand schnell Richtung Hundebrust zu Boden, bis der Hund sich hinlegt.

Als Nächstes halten wir an und halten die Hand in optimaler Höhe vor seinem Fang. Hier steht der Hund. All dies erfolgt ohne Zwang, mit Lob und ohne Hörzeichen.

Wir vermeiden das Einwirken mit der Hand oder anderen Dingen. Wir können von unserem Hund nicht erwarten, die später geforderten Hörzeichen schon jetzt zu kennen. Auch Schrittwechsel (schneller, langsamer und normaler Schritt) werden nun Bestandteil des Trainings.

Geht der Hund sicher und gerade neben uns, können wir mit der linken Hand ohne passive Einwirkung weiterarbeiten. Wir können auch mal durch eine Menschengruppe gehen und dort anhalten oder über verschiedene Untergründe. Das Verhalten wird somit gefestigt.

Wir loben den Hund beim Gehen, indem wir nun das Hörzeichen „Fuß" ab und zu in normaler Lautstärke sprechen. Das verbinden wir mit „Klasse" oder „Super" in freudiger Aussprache.

Wichtig ist immer die Bestätigung, die für besonderes Anstrengen, gutes Ausführen der Übung und in unregelmäßigem Abstand (mal kürzer, mal länger) gegeben wird.

Der Schrittwechsel – hier ein schneller Schritt – gehört auch zum Training.

HINWEIS!

Der junge Hund bzw. Welpe kann seine Konzentration noch nicht allzu lange aufrechterhalten, deswegen sollten diese Übungen nur kurz sein. Alle Übungen werden mit der passiven Einschränkung durchgeführt.

Wir können diese Übungen öfter wiederholen, sollten aber keine Logik verfolgen. Dies bedeutet: Nicht immer wieder das Gleiche in derselben Reihenfolge durchführen. Es soll für unseren Hund interessant bleiben!

Tischübung

Parallel hierzu können wir die sogenannten Tischübungen einbauen.

Übung!

Unser Hund steht auf dem Tisch oder einer anderen Erhöhung (nicht mit Gewalt dorthin bringen) nahe am vorderen Rand. Dort üben wir die technischen Positionen wie Sitz, Platz und Steh. Nahe am vorderen Rand kann der Hund nicht nach vorne gehen, er hält also seine Position. Anfangs üben wir mit dem Hund alle

Auf dem Tisch lassen sich die Positionen Sitz (a), Platz (b) und Steh (c) üben.

Positionen durch Handführung. Nach einigen Wiederholungen verwenden wir bei den einzelnen Übungen das geforderte Hörzeichen laut Prüfungsordnung in Verbindung mit Lob und Bestätigung nach der richtigen Ausführung.

Erwarten Sie nicht gleich die schnelle Ausführung, nicht jeder Hund ist anfangs dazu in der Lage. Lassen Sie den Hund auch einmal in der gerade durchgeführten Position verharren und loben ihn mehrfach dafür (zum Beispiel „Platz, Klasse, Super, Platz, Klasse, Super, Platz, Klasse, Super"). Ihr Hund wird es Ihnen mit einem freudigen Rutenwedeln danken. Zusätzlich wird die Position positiv vermittelt.

Immer erst das Hörzeichen geben, dann das Lob und die Bestätigung. Nur so verknüpft der Hund die Übungen richtig.

Das Ganze sollten wir zwei- bis dreimal die Woche trainieren. Geht auch wunderbar zu Hause zwischendurch.

Seien Sie abwechslungsreich beim Training mit dem Hund. Das steigert die Arbeitsfreude und fördert die Teamarbeit.

Nach etwa drei Monaten fleißiger Arbeit kommt der nächste Schritt. Sie sind nun ein gutes Team und es wird Zeit, die Futterhand abzubauen. Wie beim Fährtentraining muss dies langsam erfolgen. Zusätzlich werden keine weiteren Schwierigkeiten eingebaut.

Wir lösen nun ab und zu und nur kurz die Hand von der Nase des Hundes. Dieser wird, so hat er es gelernt, weiter wie gewohnt neben uns gehen. Dafür loben wir den Hund und führen die Hand wieder in die Ursprungsposition über der Nase und bestätigen ihn mit dem Futter aus der Hand.

HINWEIS!

Prüfungshörzeichen werden positiv, ohne Emotionen und Lautstärkeveränderung, gegeben. Fehlverhalten wird mit „Nein“ oder „Falsch“ markiert. Gegebenenfalls abbrechen oder die Übung wiederholen.

Jetzt erfolgt noch kein kompletter Abbau des Futters. Dem Hund ist bereits viel vermittelt worden. Er kennt das Sitz, Platz, Steh, das Halten, das Fußgehen. Er ist bereit, mit uns den nächsten Schritt der Teamarbeit zu gehen.

Die Grundstellung

Ein wichtiges Element der Ausbildung in der Teamarbeit ist die Grundstellung. Jede Übung beginnt und endet mit der Grundstellung. Allein dieser Anspruch aus der Prüfungsordnung rechtfertigt einen gewissenhaften Aufbau dieser von vielen unbeachteten und vernachlässigten Übung.

Bisher lief die Ausbildung über die Futtermotivation sehr einfach ab. Das ändert sich nun. Unser Hund muss lernen, aus jeder Lage in die Grundstellung zu finden. Er muss lernen, Konzentration und Spannung in der Grundstellung aufzubauen. Ebenso wichtig ist die richtige Position in der Grundstellung.

AUSZUG AUS DER IPO

Grundstellung

Die Grundstellung ist einzunehmen, wenn der zweite Hundeführer, der seinen Hund zur Ablage führt, die Grundstellung für die Übung Ablegen unter Ablenkung eingenommen hat. Ab diesen eingenommenen Grundstellungen beginnt für beide Hunde die Bewertung. Jede Übung beginnt und endet mit der Grundstellung.

In der Grundstellung steht der Hundeführer in sportlicher Haltung. Eine Grätschstellung ist bei allen Übungen nicht erlaubt. In der Grundstellung, die in der Vorwärtsbewegung nur einmal erlaubt ist, sitzt der Hund eng und gerade an der linken Seite des HF, sodass die Schulter des Hundes mit dem Knie des HF abschließt. Jede Übung beginnt und endet mit der Grundstellung. Das Einnehmen der Grundstellung am Anfang der Übung ist nur einmal erlaubt.

Ein kurzes Lob ist nur nach jeder beendeten Übung und nur in Grundstellung erlaubt. Danach kann der HF eine neue Grundstellung einnehmen. Jedenfalls muss zwischen Lob und Neubeginn ein deutlicher Zeitabstand (ca. 3 Sekunden) eingehalten werden. Aus der Grundstellung heraus erfolgt die sogenannte Entwicklung. Der HF muss sie mindestens 10, jedoch höchstens 15 Schritte zeigen, bevor das HZ zur Ausführung der Übung gegeben wird.
Zwischen den Übungsteilen Vorsitzen und Abschluss sowie beim Herantreten an den absitzenden, stehenden, abliegenden Hund sind vor der Abgabe eines weiteren HZ deutliche Pausen einzuhalten (ca. 3 Sekunden). Beim Abholen kann der HF von vorne oder von hinten an seinen Hund herantreten.
Grundstellungs- und Entwicklungsfehler müssen Einfluss in die Bewertung der Einzelübungen haben.

Bei der Übung der Grundstellung mit Futter sollte man auf die korrekte Handhaltung achten.

Das Anhalten und Sitzen neben dem Teamführer kennt unser Hund schon, dies gilt es nun zu perfektionieren.

Übung!
Nach einer kurzen Futtermotivation, wie schon gelernt, bringen wir unseren Hund in die richtige Position. Wir gehen mit der Futterhand (linke Hand) etwas höher bis über die Bauchlinie auf der linken Körperseite des Teamführers.

Es ist darauf zu achten, die Hand so zu führen, dass der Hund seine Position nicht verändert.

Der Hund wird der Bewegung mit seinen Augen und mit seinem Kopf leicht nach oben abwinkelnd folgen. Dafür loben wir den Hund.

Diese Übung wiederholen wir ein paar Mal. Dann Verharren wir mit der Futterhand auf der Bauchlinie und holen tief Luft, um Spannung zu signalisieren. Unser Hund wird ebenfalls in

Spannung gehen. Dann wird er wieder belohnt. Sollte der Hund springen oder die Position verändern, brechen wir mit „Nein“ oder „Schade“ ab und beginnen die Übung neu.

Im nächsten Schritt gehen wir immer höher mit der Futterhand und trainieren wie zuvor. Die Zeitdauer der Spannung wird langsam erhöht. Der Hund lernt länger in Spannung (Konzentration) zu bleiben. Wir gehen auf diese Weise mit unserer Hand bis zur linken Schulter. Wir vermeiden den Augenkontakt zum Hund, damit es für den Hund nicht zur Gewohnheit wird, dass wir ihn während der Fußarbeit anschauen.

Eine unnatürliche Körperhaltung unsererseits wird dadurch verhindert. Wir können beim Geradelaufen nicht permanent den Hund anschauen, sonst würden wir die Orientierung verlieren und schräg laufen.

Hat der Hund gelernt, die Konzentration über einen längeren Zeitraum aufrechtzuerhalten, beginnt der nächste Schritt. Das Futter wird jetzt durch einen Motivationsgegenstand (im Weiteren MG genannt) ausgetauscht. Der MG muss so lang sein, dass er sichtbar für den Hund unter der linken Achsel platziert werden kann. Bitte noch nicht mit dem Fußlaufen mit dem MG unter dem Arm beginnen!

ACHTUNG!

Motivieren Sie den Hund nicht zu stark, sonst verändert er die gewünschte Position.

Der MG wird, wie das Futter, in die Grundstellungsübung eingebaut. Vor dem Einbau des MG wir dieser für den Hund durch Spielen interessant gemacht.

Übung!
Wir bringen den Hund **beim ersten Mal** mit dem Futter in die bereits gelernte Grundstellung. Dann nehmen wir den MG und führen ihn mit der linken Hand über die Bauchlinie auf der linken Körperseite und verharren kurz. Bleibt der Hund ruhig, wird er gelobt und mit dem MG bestätigt. Wenn nicht, brechen wir wie vorher beschrieben ab und beginnen neu.

Im nächsten Schritt halten wir den MG immer höher und bauen auch hier Körperspannung auf. Wir dürfen nicht zu viel von unserem Hund erwarten. Wir gehen mit der Hand immer weiter nach oben. Zum Abschluss dieses Schrittes wird der MG unter der Achsel platziert. Wir bauen das Zeitfenster weiter aus und bestätigen den Hund, indem wir die Achsel öffnen und den Hund mit dem MG und einem Riesenlob bestätigen. Bitte darauf achten, dass der Hund nicht hochspringt, um sich den MG zu holen.

a

b

So erfolgt die Übung der Grundstellung mit dem Motivationsgegenstand.

So ist die korrekte Grundstellung.

Nun kommt der letzte Schritt zur perfekten Grundstellung.

Übung!

Der große MG wird nun durch seinen kleineren Bruder ersetzt. Der kleinere MG sollte für den Hund unsichtbar unter der Achsel platziert werden können. Wir müssen den kleineren MG für den Hund durch Spielen wieder interessant machen, wie schon mit dem „Großen" geschehen.

Unser Hund kennt bereits die linke Achsel als Auslöser für die Bestätigung. Wir platzieren nun den kleineren MG unter der linken Achsel, wenn der Hund in der korrekten Grundstellung ist. Die Augen unseres Hundes werden unserer Bewegung folgen. Direkt nach der Platzierung des MG wird der Hund, wie schon geübt, mit dem MG bestätigt. Wir bauen das Zeitfenster weiter aus. Zwischendurch wird immer mal wieder die Zeit verkürzt, bis der Hund bestätigt wird. So behält der Hund seine Konzentration bei.

Nachdem der Hund die korrekte Grundstellung und Konzentration gelernt hat, gehen wir zum nächsten Schritt, das Fußlaufen, über. Diese Übung mit der Grundstellung sollte regelmäßig wiederholt werden, auch wenn wir schon weiter in der Ausbildung sind.

Das richtige Fußlaufen (Freifolge)

Haben wir die richtige Vorarbeit, wie zuvor beschrieben, konsequent durchgeführt, dürfte dieses Kapitel der Ausbildung relativ einfach vonstatten gehen.

AUSZUG AUS DER IPO

Freifolge

a) Ein Hörzeichen für „Fußgehen“
Das HZ ist dem HF nur beim Angehen und beim Wechsel der Gangart gestattet.
b) Ausführung: Der HF begibt sich mit seinem freifolgenden Hund (bei der BH-Prüfung mit angeleintem Hund) zum LR, lässt seinen Hund absitzen und stellt sich vor. Aus gerader Grundstellung muss der Hund dem HF auf das HZ für „Fußgehen“ aufmerksam, freudig und gerade folgen, mit dem Schulterblatt immer in Kniehöhe an der linken Seite des HF bleiben und sich beim Anhalten selbstständig, schnell und gerade setzen.
Zu Beginn der Übung geht der HF mit seinem Hund 50 Schritte, ohne anzuhalten, geradeaus, nach der Kehrtwendung und weiteren 10 bis 15 Schritten muss der HF den Laufschritt und den langsamen Schritt zeigen (jeweils mindestens 10 Schritte). Der Übergang vom Laufschritt in den langsamen Schritt muss ohne Zwischenschritte ausgeführt werden. Die verschiedenen Gangarten müssen sich deutlich in der Geschwindigkeit unterscheiden. In der normalen Gangart sind dann mindestens zwei Rechts-, eine Links- und zwei Kehrtwendungen sowie ein Anhalten nach der zweiten Kehrtwendung auszuführen. Die Kehrtwendung ist vom Hundeführer nach links (180 Grad auf der Stelle drehend) zu zeigen. (Vorführschema ist zu beachten.) Dabei sind zwei Varianten möglich:
- Der Hund geht mit einer Rechtswendung hinter dem Hundeführer herum.
- Der Hund zeigt eine Linkskehrtwendung um 180 Grad auf der Stelle drehend.
Innerhalb einer Prüfung ist nur eine der beiden Varianten möglich.
Das Anhalten ist mindestens einmal aus dem normalen Schritt entsprechend der Skizze nach der zweiten Kehrtwendung zu zeigen.
Der Hund hat stets mit dem Schulterblatt in Kniehöhe an der linken Seite des Hundeführers zu bleiben; er darf nicht vor, nach oder seitlich laufen. Die Kehrtwendung ist vom Hundeführer als Linkskehrtwendung zu zeigen.
Das Anhalten ist mindestens einmal aus dem normalen Schritt zu zeigen. Während der HF mit dem Hund die erste Gerade geht, sind zwei Schüsse (Kaliber 6 mm) im Zeitabstand von 5 Sekunden in einer Entfernung von mindestens 15 m zum Hund abzugeben. Der Hund muss sich schussgleichgültig verhalten. Bei der BH-Prüfung erfolgt keine Schussüberprüfung.

Am Ende der Übung geht der HF mit seinem Hund auf Anweisung des LR in eine sich bewegende Gruppe von mindestens vier Personen. Der HF muss mit seinem Hund dabei eine Person rechts und eine Person links umgehen und mindestens einmal in der Gruppe anhalten. Dem LR ist es freigestellt, eine Wiederholung zu fordern.
Der HF mit seinem Hund verlässt die Gruppe und nimmt die Grundstellung ein. Diese Endgrundstellung ist die Anfangsgrundstellung für die nächste Übung.

Das Laufschema (nach der Vorlage aus der IPO)

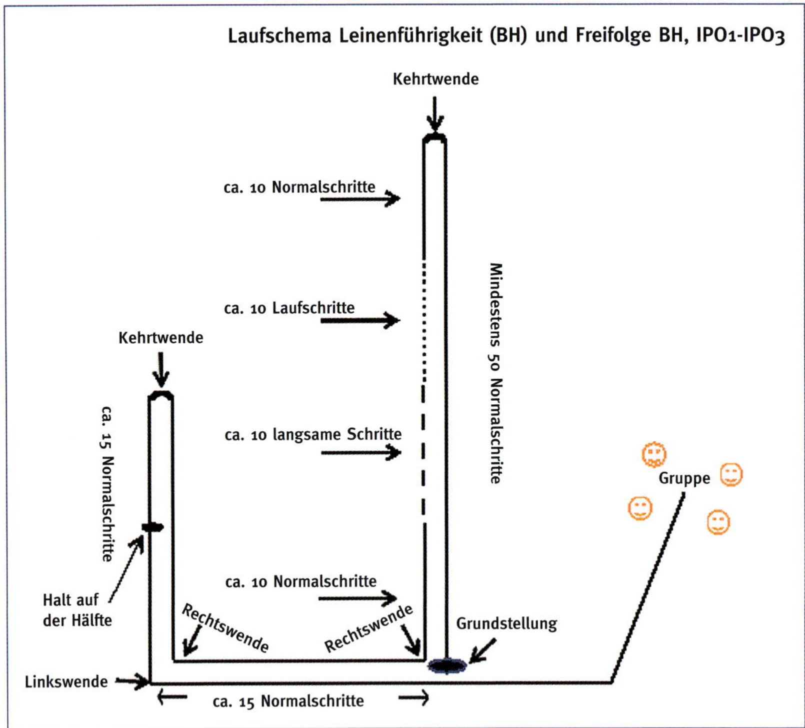

Zum Aufbau der Übung:

Aus der Grundstellung heraus soll der Hund freudig, aufmerksam und auf der richtigen Seite und Kniehöhe des Teamführers mitgehen. Bevor wir aber so weit sind, beginnen wir gründlich mit den ersten Schritten. Diese sind sehr wichtig und sollten nicht zu schnell abgehandelt werden.

Übung!
Der Hund ist in der Grundstellung neben uns. Wir geben das Hörzeichen „Fuß" und beginnen mit dem linken Fuß anzulaufen. Bitte nur einen Schritt gehen! Der Hund soll lernen, immer mit dem linken Fuß zu starten und neben dem linken Fuß die richtige Position auf Kniehöhe einzunehmen. Dann bleiben wir auf dem linken nach vorne gesetzten Fuß stehen. Hier bitte mit der Leiteinschränkung arbeiten, um ein seitliches Abweichen zu vermeiden. Zusätzlich können wir mit der 1-Meter-Leine einen Vorwärtsdrang vermeiden.

Wir geben mit Öffnen der Achsel den MG frei und bestätigen den Hund. Nach kurzem Spiel und Abnahme des MG, eventuell kann man mit Futter tauschen, nehmen wir wieder die Grundstellung ein. Wir setzen den linken Fuß nach vorne, warten kurz, dann setzen wir den linken Fuß wieder zurück. Hierbei soll der Hund auch wieder zurückgehen. Wir geben unserem Hund etwas Zeit, bis er diese Übung verstanden hat. Wir bestätigen schon kleine Bewegungen in die richtige Richtung mit dem MG und Lob. Erst wenn der Hund diese Vorübung verinnerlicht hat, können wir zum nächsten Schritt im Fußlaufen übergehen. (Wir brauchen diesen Teil der Ausbildung auch im nächsten Bereich, dem Schutzdienst.)

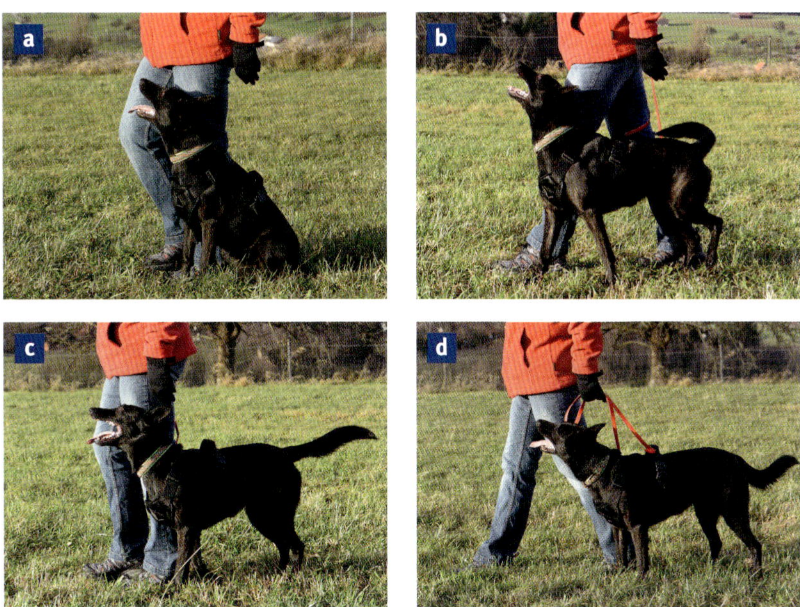

Bei der Übung soll der Hund lernen, dass es nur voran geht, wenn der linke Fuß vorgesetzt wird.

Wenn unser Hund diese Übung verstanden hat, können wir mit mehreren Schritten weitermachen. Wir sollten aber nicht gleich zu viel einfordern. Wir gehen im normalen Schritt und bestätigen immer wieder in verschiedenen Abständen das richtige Fußlaufen. Hier ist eine Hilfsperson wichtig. Diese kann den besten Zeitpunkt für die Bestätigung des Hundes signalisieren (eventuell mit dem Clicker).

Außer der Bestätigung mit dem MG haben wir auch die Möglichkeit, das richtige Fußlaufen verbal mit zum Beispiel „Fuß, Klasse, Super, Fuß, Klasse, Super, Fuß, Klasse, Super“ zu unterstützen. Somit lernt der Hund gleichzeitig, dass dies genau das richtige Verhalten ist, und wir vermitteln es positiv.

Schrittwechsel in Form von langsamen und schnellen Schritten werden nun eingebaut. Keine Bange, durch das Konditionieren auf den linken Fuß haben wir damit keine Schwierigkeiten.

Es folgen die Winkel nach rechts und links, diese zeigen wir mit unserer Fußstellung an.

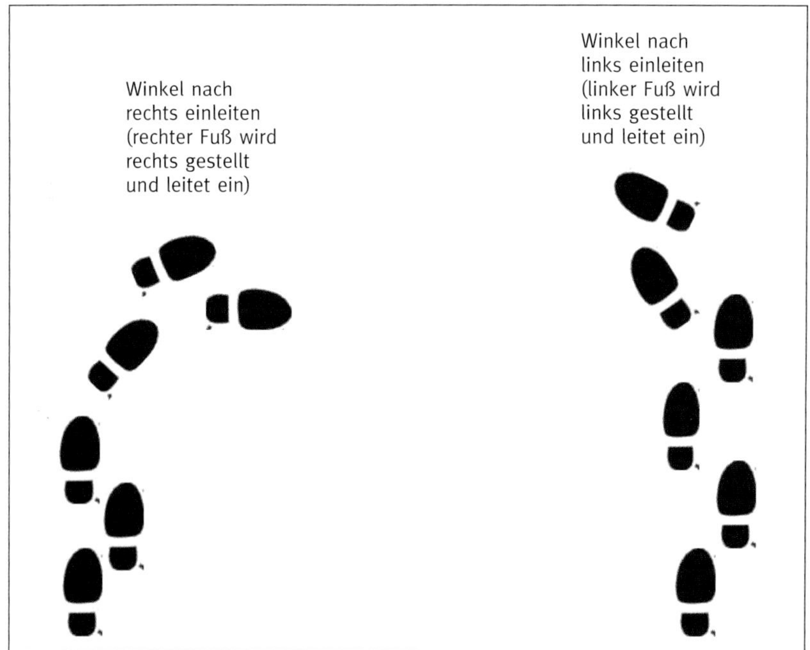

Die richtige Fußstellung.

WICHTIG!

Immer die Winkel gleich einleiten, so kann der Hund unsere Absicht sicher verknüpfen. Und was noch? Richtig: Loben und bestätigen für das richtige Verhalten. Ich mache hier noch mal bewusst darauf aufmerksam. Wenn wir in der Ausbildung mit unserem Hund sind, freuen wir uns über jeden Fortschritt und dürfen auch nicht vergessen, dies unserem Hund mitzuteilen!
Das berühmte Sprichwort der Schwaben: „Nix sagen isch Lob genug" hat in der Hundeausbildung nichts verloren. Also bitte das Loben und Bestätigen nicht vergessen!

Zum Abschluss des richtigen Fußlaufens fehlt noch die Kehrtwendung. Es gibt die Linkskehrtwende um den Teamführer (Außenwende) und die Linksinnenwende. Beide sind erlaubt, aber dürfen nicht im Wechsel, das heißt bei der Prüfung einmal so und einmal so, gezeigt werden. Ich erkläre beide Kehrtwendungen. Wir beginnen mit der Außenwende. Diese erarbeiten wir uns im Stand und mithilfe von Futter.

Übung!
Der linke Fuß ist leicht nach hinten ausgerichtet. Der Hund befindet sich anfangs in der Grundstellung. Wir führen ausnahmsweise den Hund mit der rechten futterbestückten Hand vor uns auf die rechte Seite und sagen dazu zum Beispiel „Rum" oder „Rüber". Dies dient dem Hund anfangs als Orientierung.

Bald können wir die rechte Hand auf der rechten Seite belassen und der Hund wird mit dem Hörzeichen („Rum" oder „Rüber") auf die andere Seite überwechseln. Klappt das richtig, wird das Futter in der linken und in der rechten Hand gehalten und wir drehen unsere Füße um 180 Grad auf der Stelle in die entgegengesetzte Richtung. Der Hund wechselt, wie gelernt, nun hinter uns und erhält die Bestätigung mit der rechten Hand beim Umwechseln und auf der linken Seite mit der linken Hand beim Einfinden.

Anfangs kann es einige Schwierigkeiten mit der Futterhand geben, weil der Hund nicht weiß, wohin er gehen soll. Nicht ungeduldig werden, sondern an der Handführung arbeiten. Im Team arbeitet es sich leichter. Wenn wir so weit sind, das heißt, der Hund hat die Übung verstanden und führt diese sicher aus, können wir das Ganze in die Fußarbeit integrieren.

Nun wird das Hörzeichen („Rum" oder „Rüber") nicht mehr verwendet. Diese Übung eignet sich für lang gestreckte Hunde oder Hunde mit wenig Hinterhandkoordination, also solche, die hauptsächlich über die Vorderhand arbeiten.

a

b

Die Kehrtwende als Außenwende.

Nun kommen wir zur Linksinnenwende.

Übung!

Diese Übung eignet sich besser für kurze, kompakte Hunde mit guter Hinterhandkoordination. Auch hier führen wir den Hund erst einmal mit Futter.

Wir beginnen mit Kreislaufen links herum. Der Kreis wird immer enger gezogen, bis wir uns auf der Stelle nach links drehen. Der Hund sollte lernen, genau dieselbe Drehbewegung auf der Stelle auszuführen. Wir können bis zur Perfekti-

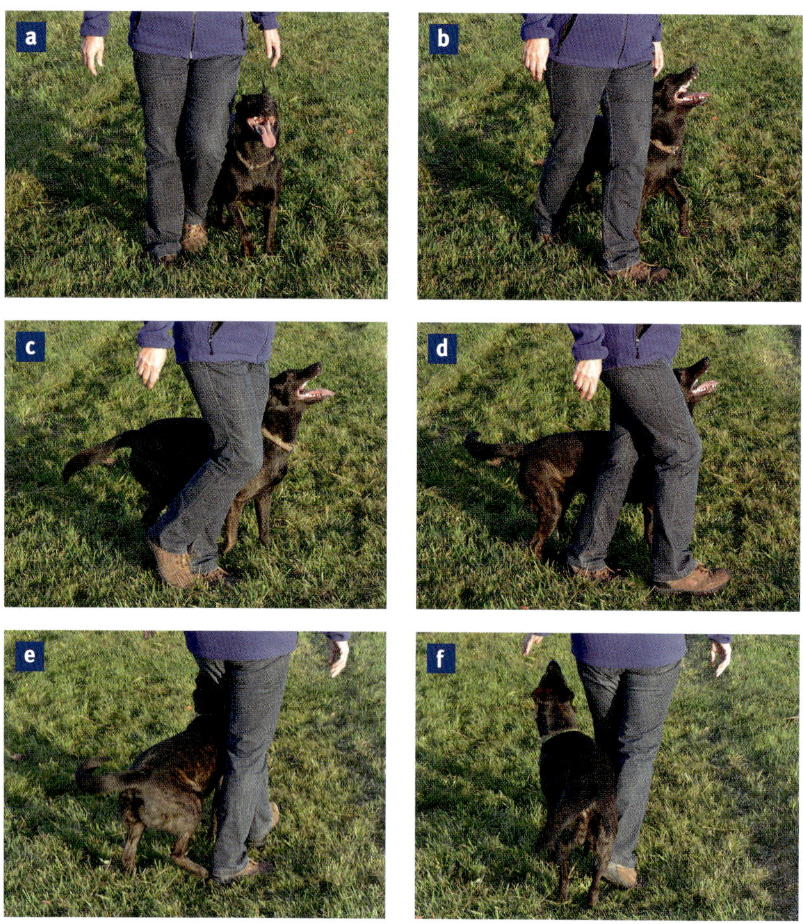

So sieht die Kehrtwende als Innenwende aus.

on auch mit dem Hörzeichen „Rum“ oder „Rüber“ als Orientierungshilfe für den Hund arbeiten. Eine Auftragsperson soll auf die richtige Hinterhandarbeit achten. Nur wenn diese sicher und schnell gezeigt wird, können wir die Innenwende als verknüpft durch den Hund betrachten.

Jetzt haben wir alle Elemente des Fußlaufens erarbeitet und kommen zum nächsten Schritt.

Die Sitzübung

AUSZUG AUS DER IPO

Sitz aus der Bewegung

(Bei der BH-Prüfung erfolgt die Sitzübung nach der Entwicklung aus der Grundstellung. Das heißt, das Hörzeichen „Sitz“ wird in der Grundstellung gegeben; weiterer Ablauf wie in der PO beschrieben.)

a) Je ein Hörzeichen für „Fußgehen“ und „Absitzen“

b) Ausführung: Aus gerader Grundstellung geht der HF mit seinem freifolgenden Hund geradeaus. In der Entwicklung hat der Hund dem HF aufmerksam, freudig, schnell und konzentriert zu folgen. Dabei muss er gerade in Position am Knie des HF bleiben. Nach 10 bis 15 Schritten muss sich der Hund auf das HZ für „Sitz“ sofort und in Laufrichtung absetzen, ohne dass der HF seine Gangart unterbricht, verändert oder sich umsieht. Nach weiteren 15 Schritten bleibt der HF stehen und dreht sich sofort zu seinem ruhig und aufmerksam sitzenden Hund um. Auf Anweisung des LR geht der HF zu seinem Hund zurück und stellt sich an dessen rechte Seite. Dabei kann der Hundeführer von vorne oder um den Hund herumgehend von hinten herantreten.

Zum Aufbau der Übung:
Hier geht es nun darum, die prüfungsfertige Sitzübung zu erarbeiten.

Übung!
Das Team steht in Grundstellung. Der Teamführer (wirklich nur der Teamführer) dreht sich um 180 Grad.

Wir beginnen mit dem Rückwärtslaufen und Futtertreiben. Der Hund wird auf der rechten Seite des Teamführers geführt. Der Teamführer geht rückwärts und der Hund wird auf Hüfthöhe des Teamführers positioniert.

Warum auf der rechten Seite und warum rückwärts? Wenn wir später vorwärtsgehen, bleibt die Seite für den Hund gleich. Außerdem sehen wir das Verhalten des Hundes und können es besser steuern. Dies vereinfacht uns und dem Hund den Aufbau der Übung.

Wieder zurück zur Übung. Wir gehen rückwärts, bleiben stehen und führen beim Anhalten die rechte Hand knapp über den Kopf des Hundes in Richtung Ohren. Der Hund wird sich nun setzen. Dies bestätigen wir mit dem Hörzeichen „Sitz" (kennt er schon) und anschließender Bestätigung mit dem Futter. Das kann anfangs schnell oder langsam erfolgen. Da dies neu für den Hund ist, legen wir noch keinen Wert auf die Geschwindigkeit. Wenn der Hund bei den nächsten Wiederholungen auf das Hörzeichen „Sitz" selbstständig absitzt, ohne Hilfestellung mit der Hand, haben wir das erste Ziel erreicht.

Im zweiten Übungsabschnitt gehen wir rückwärts und geben das Hörzeichen „Sitz". Hat sich der Hund gesetzt, wird er mit Futter bestätigt. Wir geben ihm das Zeichen für Warten (das kennt er aus der Grunderziehung) und gehen rückwärts erst einen Schritt und dann, nach ein paar Wiederholungen und wenn er ruhig sitzen bleibt, mehrere Schritte. Dann gehen wir zum Hund zurück und er bekommt seine Bestätigung fürs ruhige Warten.

Klappt dies, stellen wir uns wie in der Grundstellung neben den Hund und bestätigen ihn wieder für sein ruhiges Verhalten.

Auch hier gilt: Zu Anfang langsam laufen und für das schnelle Absitzen und Warten die verbale Unterstützung für das Verhalten (zum Beispiel „Sitz, Klasse, Super, Sitz, Klasse, Super, Sitz, Klasse, Super") geben. Mit zunehmender Sicherheit wird die Übung in normaler Schrittgeschwindigkeit ausgeführt.

Ist die Rückwärtsarbeit in unserem Sinne erfolgreich abgeschlossen, führen wir die ganze Übung nun vorwärts durch, nur mit dem Unterschied, dass der Hund nun mit der linken futterbestückten Hand geführt wird. Der Aufbau erfolgt identisch wie der Rückwärtsaufbau der Sitzübung bis zur angestrebten Perfektion.

WICHTIG!

Wir sollten immer unterschiedlich bestätigen: einmal für Sitz, das nächste Mal für das Warten, während wir Herankommen, und dann für die ruhige Endposition in der Grundstellung. Somit haben wir stets einen aufmerksamen Hund. Ist dieser Schritt erfolgreich abgeschlossen, können wir die Sitzübung auch mit dem Fußlaufen und mit der Bestätigung mittels MG kombinieren.

Die Sitzübung aus der Vorwärtsbewegung.

Parallel dazu bauen wir die Platzübung und die Stehübung auf. Hintergrund dafür: Haben alle Übungen die gleiche Bedeutung für den Hund und es wird keine favorisiert, haben wir die geringste Fehlerquote bei den Ausführungen.

Früher und teilweise auch noch heute wird zuerst das Sitz und Platz aufgebaut und bestätigt. Dies reicht für die IPO-1. Bei der IPO-2 kommt das Steh hinzu. Fangen wir erst dann mit dem Steh an und favorisieren wir diese Übung durch eine höhere Übungsrate, haben wir plötzlich Probleme mit der Sitzübung.

Die jahrelange Erfahrung hat mich zur jetzigen Vorgehensweise, diese Übungen parallel zu trainieren, gebracht.

Die Platzübung

AUSZUG AUS DER IPO

Ablegen in Verbindung mit Herankommen

a) Je ein Hörzeichen für „Fußgehen", „Ablegen", „Herankommen", „in Grundstellung gehen"

b) Ausführung: Aus gerader Grundstellung geht der HF mit seinem freifolgenden Hund geradeaus. Nach 10 bis 15 Schritten in normaler Gangart muss sich der Hund auf das HZ „Platz" sofort und in Laufrichtung ablegen, ohne dass der HF seine Gangart unterbricht, verändert oder sich umsieht. Der HF geht weiter 30 Schritte geradeaus, bleibt stehen und dreht sich sofort zu seinem ruhig und aufmerksam liegenden Hund um. Bei IPO-3 folgen nach der Entwicklung weitere 10 bis 15 Schritte im Laufschritt.
Auf Anweisung des LR ruft der HF seinen Hund mit dem HZ „Hier" oder dem Namen des Hundes zu sich. Der Hund muss freudig, schnell und direkt herankommen und sich dicht und gerade vor den HF setzen. Auf das HZ „Fuß" muss sich der Hund schnell und gerade links neben seinem HF mit dem Schulterblatt auf Kniehöhe absetzen.

Die Übung an sich ist nichts Neues für unseren Hund. Der Aufbau ist identisch mit dem Aufbau zur Sitzübung.

Übung!
Wir beginnen mit dem Rückwärtslaufen und Futtertreiben. Der Hund wird auf der rechten Seite des Teamführers geführt. Der Teamführer geht rückwärts und der Hund wird auf Hüfthöhe des Teamführers positioniert. Warum das so ist, wissen wir schon. Wir gehen rückwärts, bleiben stehen und führen die rechte Hand zwi-

schen die Vorderläufe Richtung Brustbereich. Der Hund wird sich nun hinlegen. Dies bestätigen wir mit dem Hörzeichen „Platz“ und anschließender Bestätigung mit dem Futter. Das kann anfangs schnell oder langsam erfolgen. Da dies neu für den Hund ist, legen wir noch keinen Wert auf die Geschwindigkeit. Wenn sich der Hund bei den nächsten Wiederholungen auf das Hörzeichen „Platz“ selbstständig ablegt, haben wir das erste Ziel erreicht.

Nach der Platzübung (a,b,c,) muss der Hund wieder die Grundstellung (d) einnehmen.

Als Nächstes gehen wir rückwärts und geben das Hörzeichen „Platz". Hat sich der Hund ohne Hilfestellung abgelegt, wird er mit Futter bestätigt. Wir geben ihm das Zeichen für Warten (kennt er schon aus der Grunderziehung) und gehen rückwärts erst einen Schritt und – wenn er ruhig liegen bleibt – mehrere Schritte. Wir gehen zum Hund zurück und er bekommt seine Bestätigung fürs ruhige Warten. Klappt dies, stellen wir uns wie bei der Grundstellung neben den Hund und bestätigen ihn für sein ruhiges Verhalten.

Auch hier gilt: Die Schritte nicht zu schnell gehen und für das schnelle Abliegen und Warten die verbale Unterstützung für sein Verhalten (zum Beispiel „Platz, Klasse, Super, Platz, Klasse, Super, Platz, Klasse, Super") geben.

Ist die Rückwärtsarbeit in unserem Sinne erfolgreich abgeschlossen, führen wir die ganze Übung nun vorwärts durch, nur mit dem Unterschied, dass der Hund nun mit der linken futterbestückten Hand geführt wird.

Der Aufbau erfolgt identisch wie der Rückwärtsaufbau der Platzübung bis zur angestrebten Perfektion. Wie immer ist es wichtig, unterschiedlich zu bestätigen: einmal für Platz, das nächste Mal für das Warten, während wir herankommen, dann für die ruhige Endposition in der Grundstellung. So haben wir immer einen aufmerksamen Hund.

Haben wir diesen Schritt erfolgreich abgeschlossen, können wir die Platzübung auch mit dem Fußlaufen und mit der Bestätigung mittels MG kombinieren.

Bei der Platzübung kommt noch das Aufsitzen in die Grundstellung hinzu. Dies bedeutet: Wenn wir neben unserem Hund stehen, der in der Platzposition ist, muss er mit dem Hörzeichen „Sitz" in die Grundstellung gehen. Das erreichen wir, indem wir den Hund aus der Platzposition mithilfe von Futter und unter Verwendung des Hörzeichens „Sitz" in die Grundstellung bringen.

Aber Vorsicht: Bestätigen wir den Hund zu oft in diesem Verhalten, wird er selbstständig ohne Hörzeichen in diese Position gehen, das nennt man „die Übung vorwegnehmen". Das können wir vermeiden, indem wir den Hund wechselnd einmal im Platz und dann für das Aufsitzen bestätigen. So wird unser Hund abwarten, was wir als Nächstes machen wollen.

Kommen wir nun zur Stehübung, die ähnlich, nur mit einer kleinen Abwandlung, wie die Übung zum Sitz und Platz ist.

Die Stehübung

AUSZUG AUS DER IPO

Stehen aus dem Laufschritt IPO-3, Stehen aus dem Normalschritt IPO-2

a) Je ein Hörzeichen für „Fußgehen“, „Abstellen“, „Herankommen“, „in Grundstellung gehen“

b) Ausführung: Aus gerader Grundstellung läuft der HF im Normalschritt/Laufschritt mit seinem freifolgenden Hund geradeaus. Nach 10 bis 15 Laufschritten muss der Hund auf das HZ „Steh“ sofort in Laufrichtung stehen bleiben, ohne dass der HF seinen Normalschritt/Laufschritt unterbricht, verändert oder sich umsieht. Nach weiteren 15 Schritten – bei Normalschritt nach 30 Schritten – bleibt der HF stehen und dreht sich sofort zu seinem ruhig und aufmerksam stehenden Hund um. Auf Richteranweisung geht der HF zu seinem Hund und bringt ihn auf Richteranweisung in der Grundstellung zum Sitz; bei IPO-3 ruft der HF seinen Hund mit dem HZ „Hier“ oder dem Namen des Hundes zu sich. Der Hund muss freudig, schnell und direkt herankommen und sich dicht und gerade vor den HF setzen. Auf das HZ für „in Grundstellung gehen“ muss sich der Hund schnell und gerade links neben seinem HF mit dem Schulterblatt auf Kniehöhe absetzen.

Übung!

Auch hier wiederholen wir die einzelnen Schritte, bekannt aus den Übungen Sitz und Platz, mit einer kleinen, aber sehr wichtigen Abwandlung.

Wir beginnen mit dem Rückwärtslaufen und Futtertreiben. Der Hund wird auf der rechten Seite des Teamführers geführt. Der Teamführer geht rückwärts und der Hund wird auf Hüfthöhe des Teamführers positioniert.

Wir gehen rückwärts, bleiben stehen und führen dabei die rechte Hand so nach oben, dass der Hund einen kleinen Sprung nach dem Futter macht. Die Erdanziehungskraft bringt den Hund wieder auf die Erde, er landet dabei mit beiden Pfoten gleichzeitig auf dem Boden: Er steht. Diese Position belohnen wir sofort! Das Führen der Hand entscheidet über den Erfolg. Es bedarf einiger Übung, bis wir das richtige Handling beherrschen. Dies bestätigen wir mit dem Hörzeichen „Steh“, wir loben wieder ausgiebig mit Worten, anschließend folgt die Bestätigung mit dem Futter.

Als Nächstes gehen wir rückwärts. Während des Rückwärtsgehens bringen wir den Hund durch geschickte Handführung zum Springen und bestätigen die anschließende Stehposition wieder mit Futter und dem Hörzeichen „Steh“. Wir geben ihm das Zeichen für Warten (kennt er schon aus der Grunderziehung)

Bei der Stehübung ist die richtige Führung der Futterhand entscheidend.

und entfernen uns rückwärts, erst einen Schritt und dann, wenn er ruhig stehen bleibt, mehrere Schritte. Wir gehen zum Hund zurück und er bekommt seine Bestätigung fürs ruhige Warten. Klappt dies, stellen wir uns wie bei der Grundstellung neben den Hund und bestätigen ihn wieder für sein ruhiges Verhalten.

Auch hier gilt: Die Schritte nicht zu schnell gehen und für das Steh und Warten die verbale Unterstützung (zum Beispiel „Steh, Klasse, Super, Steh, Klasse, Super, Steh, Klasse, Super“) geben. Ist die Rückwärtsarbeit in unserem Sinne erfolgreich abgeschlossen, machen wir die ganze Übung nun vorwärts, nur mit dem Unterschied, dass der Hund nun mit der linken futterbestückten Hand geführt wird. Der Aufbau erfolgt identisch wie der Rückwärtsaufbau der Stehübung bis zur angestrebten Perfektion.

Wie immer ist es wichtig, unterschiedlich zu bestätigen: einmal für Steh, das nächste Mal für das Warten, während wir herankommen, dann für die ruhige Endposition in der Grundstellung.

Bei der Stehübung kommt noch das Hinsetzen in die Grundstellung hinzu. Dies bedeutet: Wenn wir neben unserem Hund stehen, der in der Stehposition ist, muss er mit dem Hörzeichen „Sitz“ in die Grundstellung gehen. Das erreichen wir, indem wir den Hund aus der Stehposition mithilfe von Futter und unter Verwendung des Hörzeichens „Sitz“ in die Grundstellung bringen.

Bitte beachten Sie: Bestätigen wir den Hund zu oft in diesem Verhalten, wird er selbstständig ohne Hörzeichen in diese Position gehen. Das können wir vermeiden. Wir bestätigen den Hund wechselnd einmal im Steh und dann für das Hinsetzen. So wird unser Hund abwarten, was wir als Nächstes machen wollen.

Haben wir diesen Schritt erfolgreich abgeschlossen, können wir die Stehübung auch mit dem Fußlaufen und mit der Bestätigung mittels MG kombinieren.

Aus der Übung Platz und der Übung Steh wird noch das Abrufen, Vorsitzen und der Abschluss laut PO verlangt. Die Vorübung und das Zusammensetzen folgen im nächsten Abschnitt.

Der Vorsitz und das Herankommen

Diese Übung bauen wir von hinten nach vorne auf. Wir wollen damit Fehlerquellen ausschließen. Diese könnten sein: Teamführer anspringen, keinen Vorsitz zeigen, am Teamführer vorbeilaufen, zu großer Abstand zum Teamführer, langsames Hereinkommen.

Übung!

Bei dieser ersten Teilübung sitzt unser Hund direkt und nah vor uns. Versetzen wir uns einmal in die Position des Hundes. Wir sind jetzt der Hund und sehen die Situation aus seiner Sicht. Vor uns steht der übergroße Teamführer. Wir müssen unseren Kopf ganz schön abwinkeln, um nach oben zu schauen. Beugt sich der Teamführer noch über uns, um uns – aus seiner Sicht – zu loben, entsteht der Eindruck, als würde uns der Teamführer erdrücken.

Deswegen wählen wir als Teamführer einen Weg, der diesen Eindruck gar nicht erst entstehen lässt. Wir setzen uns auf einen Stuhl. Die Beine werden so weit gespreizt, dass unser Hund problemlos dazwischen zu uns herankommen kann.

Eine Hilfsperson hält unseren Hund im Abstand von etwa 2 Metern fest. Natürlich möchte unser Hund zu uns kommen. Das soll er auch. Wir halten in beiden Händen Futter und strecken unsere Hände so weit nach unten und vorne, wie es geht. Die Hilfsperson lässt den Hund los. Wir warten bis er unsere Hände berühren kann. Dann ziehen wir unsere Hände erst unten an den Körper (wichtig!) und dann nach oben. Unser Hund wird den Händen folgen und sich setzen. Dann bekommt er abwechselnd das Futter aus den Händen, wobei das Futter von oben nach unten gegeben wird.

Nach einigen Wiederholungen rufen wir bei dieser Übung unseren Hund unter Abgabe des Hörzeichens „Hier" oder des Rufnamens ab und verfahren wie zuvor beschrieben.

ACHTUNG!

Wenn wir die Hände gleich noch oben ziehen, wenn der Hund zu uns kommt, verleiten wir ihn zum Springen und das wollen wir vermeiden.

Der Hund lernt sich dicht und nah vor unserem Körper abzusetzen. Unsere niedrige Position vermittelt dem Hund vertrauen. Wir wiederholen die Übung so lange, bis der Hund schnell und sicher die gerade Position vor uns einnimmt. Um ein Abkippen auf eine Seite zu vermeiden, bekommt der Hund das Futter einmal zuerst von rechts und dann zuerst von links und umgekehrt, immer im Wechsel.

Das Futter wird immer von oben nach unten gegeben. Wir vermeiden damit das Schnüffeln an den Händen, wenn sie nicht mehr vor dem Körper, sondern seitlich, wie es in der PO verlangt wird, gehalten werden.

Der nächste Schritt ist das schrittweise Aufrichten des Teamführers. Das können wir gut an einer Wand trainieren. Der Stuhl wird durch die Wand ersetzt. Wir lehnen erst schräg mit gebeugtem Knie an der Wand und werden immer gerader, bis wir unsere Stehhöhe erreicht haben. Die Übung als solche bleibt wie zuvor beschrieben.

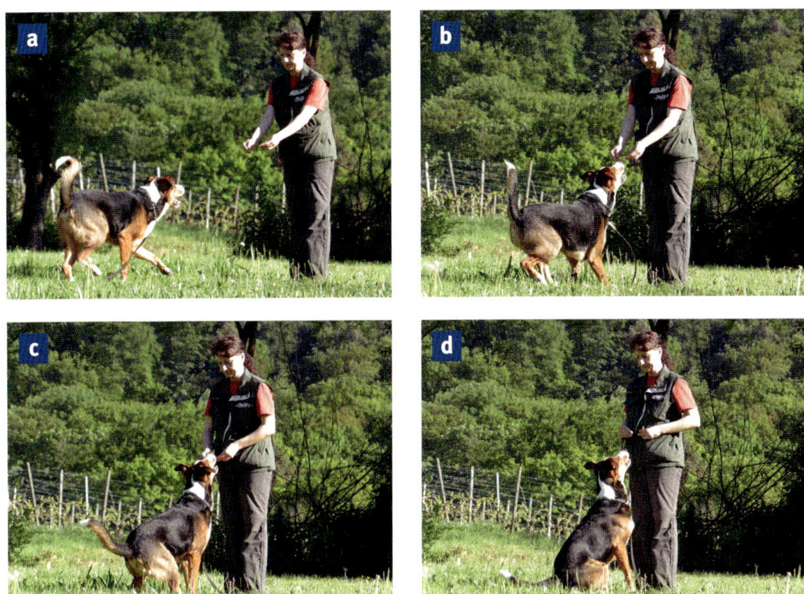

Beim Herankommen mit Vorsitz ist die richtige Handposition wichtig.

Die komplette Übung beinhaltet das Abrufen aus dem Platz und aus dem Steh. Haben wir die vorher aufgeführten Schritte sicher trainiert, dürfte es uns und unserem Hund nicht schwerfallen, die Übung korrekt durchzuführen.

Allerdings sollten wir einige Dinge beachten: Wir fangen das Abrufen nicht gleich mit der vollen Distanz (etwa 30 Schritte laut IPO) aus der Position Steh und Platz an. Am besten beginnen wir mit geringer Entfernung, wie wir es mit dem Stuhl trainiert haben, und steigern dann langsam die Distanz.

Wir rufen den Hund auch nicht jedes Mal ab. Hunde, die schnell verknüpfen, warten erst gar nicht das Rufen ab, sondern kommen gleich gerannt, um in den Genuss der Bestätigung zu kommen. Deswegen gehen wir immer mal wieder zurück zum Hund und bestätigen ihn für das Warten oder beim Entfernen vom Hund drehen wir uns nicht um und das Verhalten wird mit einem Auslöser aufgehoben und bestätigt. Die Aufmerksamkeit des Hundes bleibt uns dadurch erhalten, da er nie weiß, was folgt.

Jetzt fehlt noch der Abschluss, das Überwechseln in die Grundstellung. Der Abschluss wird separat trainiert. Wir benötigen den Abschluss bei den Abrufübungen und bei den Apportierübungen, später dann noch im Schutzdienst. Deswegen muss er als extra Übung gesehen und trainiert werden, auch schon, um den Fehler, nämlich gleich den Abschluss ohne Vorsitz zu zeigen, zu vermeiden.

Der Abschluss

Wir unterscheiden den Abschluss rechts am Teamführer vorbei und hinter diesem herumlaufend in die Grundstellung zu gehen von dem links Umsetzen in die Grundstellung. Beides ist laut PO möglich.

Erinnern wir uns an die Kehrt- und Innenwende im Kapitel Fußlaufen. So sollte auch hier verfahren werden. Hunde, die eine Außenkehrtwendung machen, werden den Abschluss hinter dem Teamführer trainieren. Hunde, die eine Innenwende machen, werden den Abschluss mit links umsetzen.

Übung!
Abschluss hinter und um den Teamführer:
Hier können wir auch mit Futter und dem Hörzeichen „Rum“ oder „Rüber“ arbeiten. Wir setzen den Hund rechts neben uns ab (kennt er aus Rückwärtslaufen und Sitz). Dann führen wir ihn mit der rechten, futterbestückten Hand hinter uns, übergeben das Futter in die linke Hand und machen einen Schritt, mit dem rechten Fuß beginnend. Der linke Fuß folgt, wenn der Hund die Seite gewechselt hat, nach vorne (so kommt der Hund schneller um uns herum und findet den Anschluss – wie gelernt – auf dem linken Fuß). Dann platzieren wir den Hund mit dem Hörzeichen „Fuß“ in die Grundstellung. Dort wird er bestätigt.

Zeigt der Hund diesen Teil sicher, lassen wir ihn vor uns sitzen wie beim Abrufen und führen ihn wie gerade beschrieben in die Grundstellung. Dann bauen wir den Vorwärtsschritt ab und führen den Hund in die Grundstellung, und zwar immer unter Verwendung des Hörzeichens „Fuß“. Klappt das auch, lassen wir den Hund aus verschiedenen Positionen (lediglich darauf achten, dass er hinter uns herumgeht) in die Grundstellung gehen. Das Futter wird dann nur noch in der erreichten Grundstellung gegeben.

Übung!
Links umsetzen:
Hier positionieren wir unseren Hund auf der linken Seite von uns. Dann gehen wir mit dem linken Fuß einen Schritt zurück, dabei führen wir den Hund mit der linken, futterbestückten Hand nach hinten, leicht nach links hinaus haltend, und gehen dann mit dem linken Fuß und der linken Hand schnell nach vorne. Die Hand geht wieder Richtung Körper. Hand und Fuß bewegen sich bis auf Höhe des rechten Fußes, ohne dass man losgeht. Wir verwenden dabei das Hörzeichen „Fuß“. In der Grundstellung angekommen wird der Hund mit dem Futter bestätigt.

Zeigt der Hund diesen Teil sicher, lassen wir ihn vor uns sitzen, wie beim Abrufen, und führen ihn wie gerade beschrieben in die Grundstellung. Dann bauen wir den Rückwärtsschritt ab und führen den Hund in die Grundstellung, immer

Der Abschluss hinten um den Teamführer herum.

Der Abschluss mit dem Umsetzen auf der linken Seite.

unter Verwendung des Hörzeichens „Fuß“. Klappt das auch, lassen wir den Hund aus verschiedenen Positionen (lediglich darauf achten, dass er von links kommt) in die Grundstellung gehen. Das Futter wird dann nur noch in der erreichten Grundstellung gegeben.

Wird die Übung zu unserer Zufriedenheit ausgeführt, können wir sie in Verbindung mit dem Abrufen und dem Apport (siehe nächstes Kapitel) verwenden. Wie schon erwähnt: nicht zu oft miteinander verwenden. Unser Hund, der schon viel gelernt hat, könnte den Abschluss vorwegnehmen. Der Abschluss sollte eine extra Übung bleiben.

Apport

AUSZUG AUS DER IPO

Bringen auf ebener Erde

a) Je ein Hörzeichen für „Bringen“, „Abgeben“, „in Grundstellung gehen“

b) Ausführung: Aus gerader Grundstellung wirft der HF ein Bringholz (Gewicht 500/1000/2000 Gramm, je nach Prüfungsstufe) etwa 10 Schritte weit weg. Das HZ „Bring“ darf erst gegeben werden, wenn das Bringholz ruhig liegt. Der ruhig und frei neben seinem HF sitzende Hund muss auf das HZ „Bring“ schnell und direkt zum Bringholz laufen, es sofort aufnehmen und seinem HF schnell und direkt bringen.
Der Hund muss sich dicht und gerade vor seinen HF setzen und das Bringholz so lange ruhig im Fang halten, bis ihm der HF nach einer Pause von etwa 3 Sekunden das Bringholz mit dem HZ „Aus“ abnimmt.
Das Bringholz muss nach der Abgabe mit nach unten ausgestrecktem Arm ruhig an der rechten Körperseite gehalten werden. Auf das HZ „Fuß“ muss sich der Hund schnell und gerade links neben seinen HF mit dem Schulterblatt auf Kniehöhe absetzen. Der HF darf während der gesamten Übung seinen Standort nicht verlassen.

Das ist eine Übung, die es in sich hat, ergeben die drei Apportierübungen doch bei optimaler Ausführung 40 % von der Höchstpunktzahl im Gehorsam. Hier verlieren viele Teamführer die Geduld und versuchen dann durch Zwang, den eigenen Fehler zu beheben.

Apportieren kann man schon dem kleinen Welpen oder Junghund lustvoll vermitteln. Spielerisch sollte hierfür der Grundstein gelegt werden!

Schon beim Junghund kann man das Apportieren spielerisch fördern.

Schauen Sie sich mal ihren kleinen Racker an. Stolz trägt er den eroberten Socken oder das Spielzeug herum und was machen wir? Entweder nehmen wir ihm das eroberte Teil sofort weg oder lassen ihn achtlos an uns vorüberziehen. Ganz Ehrgeizige erwarten gar, dass er das Objekt schon zu ihnen bringt.

Schade, denn dabei könnten wir hier schon den Grundstein für das spätere Apportieren setzen.

Freuen Sie sich doch einfach, wenn der „Kleine" etwas herumträgt. Freuen Sie sich, wenn er ihnen etwas entgegenbringt. Erwarten Sie aber nicht, dass er es Ihnen gleich perfekt übergibt. Wenn Ihnen der Gegenstand nicht gefällt bzw. wenn er ungeeignet ist, beeinflussen Sie das Geschehen. Lassen Sie nur Dinge liegen, die Ihr Hund nehmen darf.

Bringen Sie sich selbst mit ein. Zeigen Sie Ihrem kleinen Kameraden einen Gegenstand, machen Sie ihn interessant und werfen ihn 2 bis 3 Meter weg. Ihr Hund wird den Gegenstand sicher verfolgen und in den Fang nehmen. Freuen Sie sich darüber und ermuntern Sie ihn, zu Ihnen zu kommen. Schränken Sie den Rückweg ein. Zum Beispiel wäre ein schmaler Gang, der nur zu Ihnen führt, gut geeignet, denn so kann sich der kleine Kerl nicht entfernen. Machen Sie sich klein, das heißt, setzen Sie sich auf den Boden, so wirken Sie nicht zu übermächtig und der Kleine hat weniger Scheu, zu Ihnen zurückzukommen.

Wenn der Hund etwas zu Ihnen bringt, nehmen Sie es nicht immer gleich weg, sondern laufen Sie ihm mal davon in die andere Richtung, wenn er etwas aufgenommen hat. Die meisten Hunde werden Sie verfolgen. Wenn er etwas zu

Ihnen bringt und abgibt, belohnen Sie ihn mit Futter oder viel Lob. Sie werden sehen und merken, das macht nicht nur Ihrem Hund Spaß.

Eines ist sicher, am besten kann man dem Hund ein Verhalten ohne Ablenkung im eigenen Haus oder Garten vermitteln, bevor man auf den Hundeplatz oder auf das Übungsgelände geht. Ich selbst fange das Apportieren gern so an.

Manche Hunde sind schon etwas älter bzw. der Teamführer ist unerfahren und unsicher und möchte das Apportieren unter Aufsicht vermitteln. Dann bietet sich folgender Aufbau an.

Übung!
Der Teamführer hat das Apportel (nachfolgend Holz genannt) in der rechten Hand und der Hund wird links mit der Leine am Geschirr geführt.

HINWEIS!

Das Apportel kann aus Holz, Plastik oder Metall bestehen. Für Prüfungen im Gebrauchshundesport sind aber Holzapportel vorgeschrieben.

Das Interesse an dem Apportel wird geweckt (a). Nach einigen Schritten wird das Apportel dem Hund wieder weggenommen (b).

Der Teamführer geht nicht, sondern läuft im gemäßigten Laufschritt (bitte keinen Spurt!). Das Holz wird dem Hund ab und zu gezeigt. Das Interesse des Hundes wird geweckt und er wird versuchen, das Holz zu fassen. Wir geben ihm die Chance, dies zu tun. Hat er zugefasst, lassen wir es ihn tragen. Wir verändern aber dabei nicht unseren Schritt. Wir können ihn für das Tragen loben, nehmen dem Hund das Holz nach einigen Schritten wieder ab (eventuell Futtertausch) und freuen uns mit dem Hund über den kleinen Erfolg.

Manche Hunde lassen das Holz relativ schnell wieder fallen, dann wiederholen wir das Ganze. Wenn das Holz fällt, sollten wir dem Hund nicht die Chance geben, das Holz wieder aufzunehmen. In der Natur wäre die Beute auch weg und wir nutzen hier ja gerade den Beutetrieb.

In den meisten Fällen wird das Holz beim Stehenbleiben fallen gelassen. Dies ist momentan nicht weiter tragisch. Sollte er das Holz im Stehen noch halten, loben wir ihn kräftig dafür. Bitte nur seitlich und nicht frontal an den Hund herangehen! Wir werden die Abnahme von vorne separat trainieren. Der Hund soll bei dieser zuvor beschriebenen Übung Freude am Holz und am Tragen entwickeln. Greift der Hund beim Laufen sicher nach dem Holz und hält es ruhig fest, ist das erste Ziel erreicht.

- Im nächsten Schritt fällt uns beim Laufen das Holz (wie versehentlich für den Hund) aus der Hand auf den Boden. Schnell wird der Hund das Holz aufnehmen und stolz tragen.
- Beim nächsten Mal legen wir das Holz auf den Boden, gehen mit dem Hund Richtung Holz und lassen es aufnehmen. Alles noch an der Leine. Natürlich freuen wir uns riesig über das richtige Verhalten unseres Hundes.
- Nun können wir damit beginnen, beim Tragen des Holzes eine Kurve des Hundes zu uns einzuschlagen, aber ohne dass er uns schon direkt anlaufen muss. Läuft der Hund in unsere Richtung, wird er kräftig gelobt!.
- Dann lassen wir den Hund tragen. Der Hund läuft links seitlich von uns. Wir fassen das Holz ab und zu mit der linken Hand an und lassen es gleich wieder los.
- Wir laufen mit dem Hund, der das Holz trägt, über verschiedene Untergründe und Hindernisse.

Bitte diese Übungsschritte nicht gleich zusammen erarbeiten, sondern immer nur einen Schritt und dann aufhören. Beim nächsten Mal erfolgt dann die Steigerung usw. Der Hund soll dadurch lernen, das Holz trotz Ablenkung sicher zu tragen.

Nachdem der Hund lustvoll das Tragen des Holzes gelernt hat, können wir den nächsten Schritt einleiten: **das Nehmen und Abgeben vor dem Teamführer.**

Übung!
Dazu setzen wir uns wieder auf einen Stuhl (Übung Abrufen und Vorsitz) und spreizen die Beine so weit, dass unser Hund genügend Platz zum geraden Vorsitzen hat. Wir lassen den Hund mit „Hier" oder Rufnamen vorsitzen und bestätigen dieses Verhalten mit Futter.

Dann nehmen wir das seitlich bereitgelegte Holz in beide Hände und bieten es unserem Hund so an, dass er es mittig greifen kann. Greift er danach, lassen wir es den Hund nehmen und loben ihn dabei. Der Hund ist angeleint, um ein Weglaufen zu vermeiden. Das Holz wird noch nicht losgelassen. Der Hund soll lernen, das Holz ruhig im Fang zu halten. Wenn der Hund nicht gleich danach greifen will, bewegen wir das Holz und wecken so das Interesse des Hundes. Wir machen Trieb auf das Holz. Aber nicht übertreiben und das Holz nicht in den Fang drücken. Der Hund soll Freude an dieser Übung haben.

Wir lassen den Hund das Holz ruhig halten. Nach kurzer Zeit sagen wir „Aus" (hat er auch schon gelernt). Gibt der Hund ab, erhält er von uns ein Leckerli und wir loben ihn dafür. Diese Übung machen wir so lange, bis unser Hund das Holz einen längeren Zeitraum ruhig vor uns in der Sitzposition hält und auch sicher abgibt.

Nun wird der Abstand zu uns vergrößert. Der Hund bekommt das Holz in den Fang in der Sitzposition. Wir setzen uns auf den Stuhl und rufen unseren Hund. Dieser wird, wie bereits verknüpft, mit dem Holz im Fang vor uns absitzen.

Nun können wir wieder langsam an einer Mauer oder Ähnlichem in den Stand überwechseln, bis wir den Hund im Stehen und ohne Mauer empfangen können.

Das Nehmen und Abgeben wird zunächst von einem Stuhl aus geübt.

Später wird das Abgeben im Stand geübt.

Wir können das Herankommen des Hundes beschleunigen, indem wir hinter uns einen Motivationsgengestand (im Folgenden MG genannt) für den Hund nicht sichtbar ablegen. Hat der Hund das Holz gebracht, nehmen wir es ihm, wie schon geübt, ab. Wir spreizen unsere Beine und der MG wird sichtbar, dann geben wir den Hund frei. Nach ein paar Wiederholungen wird der Hund schnell zu uns kommen, um an seinen MG zu gelangen.

Vorsicht! Manche Hunde lassen dann das Holz fallen und wollen sich selbst bestätigen. Hier müssen wir konsequent sein und dies nicht zulassen. Nur wenn er das Holz ruhig vor uns hält und wartet, bis wir es ihm abnehmen, bekommt er seine Bestätigung. Notfalls sichert eine Hilfsperson den MG ab, damit der Hund sich nicht selbst bestätigen kann.

Der Vorteil dabei ist, dass der Hund lernt, das richtige Verhalten zu zeigen. Er wird das Holz nicht mehr fallen lassen. Das Zurückkommen und die Abgabe des Holzes ist das Wichtige an der Übung, denn geworfener Beute geht jeder beuteorientierte Hund nach.

Haben wir diesen Schritt erreicht, bringen wir dem Hund bei, ruhig neben uns zu sitzen, während wir das Holz werfen.

Übung!

Anfangs will der Hund natürlich gleich starten. Das verhindert eine Hilfsperson mit der 1-Meter-Leine. Wir bringen dem Hund mit „Schau“ bei, dass er auf unsere Freigabe warten muss und uns anschauen soll, bevor er das Holz holen darf. Das nennt man Umlenkung (beschreibe ich auch noch im Schutzdienst).

WICHTIG!

Wir begrenzen anfangs den Apportierraum des Hundes durch Beschränkungen. Dadurch erhalten wir eine Gasse, die den Weg des Hundes eingrenzt, sodass er die richtigen Laufwege lernt.

Ist das Holz geworfen, steckt eine Hilfsperson einen Markierstock kurz hinter das Holz. Das Holz wird längs gelegt, das heißt, der breite Kopf des Holzes ist in Richtung Hund gelegt. Wir vermeiden damit das Überlaufen des Holzes und fördern das direkte Aufnehmen.

Nun kann der Hund zum Apportieren mit dem Hörzeichen „Bring“ freigegeben werden. Da er den Rücklauf bestens vermittelt bekommen hat und er die Aufnahme des Holzes auch schon kennt, wird er nun genau das erwartete Verhalten zeigen. Diesen Teil wiederholen wir so lange, bis der Hund die Übung ganz sicher zeigt. Das Loben und Bestätigen hierbei nicht vergessen!

Den Abschluss nach der Abgabe des Holzes hat der Hund bereits in der Übung Abschluss gelernt.

Ist die Übung sicher, können wir damit beginnen, das Ganze ohne Beschränkungen frei auf dem Platz zu trainieren. Lediglich der Markierstock bleibt noch eine Weile im Übungsprogramm. Mit den Sprüngen, die auch zum Apportieren gehören, beschäftigen wir uns separat.

Die Wertigkeit der Apportierübung macht es notwendig, auch noch einen zweiten Weg dorthin kennenzulernen, der sich leicht vom ersten unterscheidet. Er ist hauptsächlich für Hunde gedacht, deren Beutetrieb noch gefördert werden muss bzw. die etwas schlecht „Aus“ geben.

Diesmal arbeiten wir mit zwei gleichwertigen MG, welche der Hund favorisiert. Der Unterschied besteht darin, den MG „Leben“ zu verleihen. Auch hier sollte ein vorgegebener Korridor vorhanden sein. Dieser grenzt den Weg des Hundes ein, zeigt ihm den richtigen Weg und verhindert das solitäre Spielen (Hund läuft mit MG davon und beschäftigt sich selbst damit).

Bei Antrainieren des Apportierens wird zunächst ein Korridor mit einem Steckzaun eingerichtet, um den Weg des Hundes zu begrenzen. Das Bringholz wird längs gelegt und dahinter ein Markierstock gesteckt (a). So lernt der Hund, das Apportel direkt aufzunehmen und nicht zu überlaufen (b und c).

Übung!
Wir beginnen mit einem der beiden MG zu spielen, das andere wird weggesteckt. Der Hund bekommt auch mal die Möglichkeit, Zerrspiele mit uns zu veranstalten. Der Hund darf auch mal Sieger sein. Plötzlich, wenn der Hund nicht damit rechnet und ihn nicht im Fang hat, werfen wir den MG in den Korridor, der anfangs nicht allzu groß gesteckt werden soll. Augenblicklich wird unser Hund dem MG nachrennen und ihn aufnehmen.

Optimal wäre es, wenn er gleich zu uns kommen würde. Dieses Verhalten wird gefördert durch den kleinen Korridor. So haben wir die Möglichkeit ein Zerrspiel durchzuführen, sobald der Hund sich gedreht hat.

Bitte nicht dem Hund hinterherlaufen, sonst spielt er mit Ihnen ein lustiges Fangspiel!

Plötzlich erstarren wir und das „Leben“ weicht aus dem MG. Unerwartet für den Hund ziehen wir mit der freien Hand den anderen gleichwertigen MG hervor, welchem wir nun „Leben“ verleihen. Es kann einen Moment dauern, aber bald wird der Hund den leblosen MG (bitte nicht loslassen) ausspucken und sich dem lebendigen MG zuwenden. Ist dies der Fall, sagen wir beim Ausspucken des ersten MG „Aus“, loben ihn und machen mit dem zweiten MG Zerrspiele. Auch hier darf der Hund gewinnen.

Haben wir dieses Spiel ein paar Mal wiederholt, wird uns der Hund den ersten MG bringen. Wir sagen dann „Aus“ und beginnen erst dann, den zweiten MG ins Spiel zu bringen. Wir können es auch im Wechsel machen. Nach einem „Aus“ des einen MG mit dem anderen MG spielen, dann das Spiel beenden, das heißt, aus dem zweiten MG weicht das Leben und der erste wird wieder zum Leben erweckt.

Nachdem der Hund Spaß an diesem Spiel gefunden hat, können wir den Korridor vergrößern.

Der Hund hat nun zuverlässig gelernt, freudig zu uns zu kommen. Jetzt können wir die Übung mit einem MG perfektionieren. Dazu bedienen wir uns der Anleitung wie anfangs mit dem Holz beschrieben. Wir tauschen nun ab und zu, das heißt, wir geben dem Hund das Holz beim Laufen in den Fang und tauschen dann gegen einen MG. Damit machen wir unserem Hund das Holz schmackhaft. Erwarten Sie hier nicht gleich Wunder! Steter Tropfen höhlt den Stein. Die weitere Arbeit erfolgt, wie in der ersten Apportierübung beschrieben.

Damit kommen wir zum nächsten Kapitel, und zwar den Sprüngen, die in Verbindung mit dem Apportieren stehen.

Sprünge

AUSZUG AUS DER IPO

Erste Sprungübung:

Bringen über eine Hürde (100 cm)

a) Je ein Hörzeichen für „Springen", „Bringen", „Abgeben", „in Grundstellung gehen"

b) Ausführung: Der HF nimmt mit seinem Hund mindestens 5 Schritte vor der Hürde Grundstellung ein. Aus gerader Grundstellung wirft der HF ein Bringholz (Gewicht 650 Gramm) über die 100 cm hohe Hürde. Das HZ „Hopp" darf erst gegeben werden, wenn das Bringholz ruhig liegt. Der ruhig und frei neben seinem HF sitzende Hund muss auf die HZ für „Springen" und „Bringen" (das HZ „Bring" muss während des Sprunges gegeben werden) im Freisprung über die Hürde springen, schnell und direkt zum Bringholz laufen, es sofort aufnehmen, sofort im Freisprung über die Hürde zurückspringen und das Bringholz seinem HF schnell und direkt bringen.

Der Hund hat sich dicht und gerade vor seinen HF zu setzen und das Bringholz so lange ruhig im Fang zu halten, bis ihm der HF nach einer Pause von ca. 3 Sekunden das Bringholz mit dem HZ „Aus" abnimmt.

Das Bringholz muss nach der Abgabe mit nach unten ausgestrecktem Arm ruhig an der rechten Körperseite gehalten werden. Auf das HZ für „in Grundstellung gehen" muss sich der Hund schnell und gerade links neben seinen HF mit dem Schulterblatt auf Kniehöhe absetzen. Der HF darf während der gesamten Übung seinen Standort nicht verlassen.

Zweite Sprungübung:

Bringen über eine Schrägwand (180 cm)

a) Je ein Hörzeichen für „Springen", „Bringen", „Abgeben", „in Grundstellung gehen"

b) Ausführung: Der HF nimmt mit seinem Hund mindestens 5 Schritte vor der Schrägwand Grundstellung ein. Aus gerader Grundstellung wirft der HF das Bringholz (Gewicht 650 Gramm) über die Schrägwand. Der ruhig und frei neben seinem HF sitzende Hund muss auf die HZ „Hopp" und „Bring" (das HZ für „Bringen" muss während des Sprunges gegeben werden) über die Schrägwand klettern, schnell und direkt zum Bringholz laufen, es sofort aufnehmen, sofort über die Schrägwand zurückklettern und das Bringholz seinem HF schnell und direkt bringen. Der Hund hat sich dicht und gerade vor seinen HF zu setzen und das Bringholz so lange ruhig im Fang zu halten, bis ihm der HF nach einer Pause von ca. 3 Sekunden das Bringholz mit

dem HZ für „Abgeben" abnimmt. Das Bringholz muss nach der Abgabe mit nach unten ausgestrecktem Arm ruhig an der rechten Körperseite gehalten werden.
Auf das HZ für „in Grundstellung gehen" muss sich der Hund schnell und gerade links neben seinen HF mit dem Schulterblatt auf Kniehöhe absetzen. Der HF darf während der gesamten Übung seinen Standort nicht verlassen.

Das koordinierte Springen müssen wir unserem Hund gezielt und langsam beibringen. Fangen Sie nicht zu früh damit an. Warten Sie, bis der Hund erwachsen ist (etwa 12 bis 15 Monate) und die Skelettbildung abgeschlossen ist. Sie vermeiden dadurch mögliche Schäden an Knochen und Gelenken.

Gearbeitet wird am besten mit einem Parcours, der verschiedene Schwierigkeiten und Höhen aufweist.

So kann ein selbst aufgebauter Parcours aussehen.

Führen Sie alles an der Leine durch. Hunde werden immer versuchen, Hindernissen auszuweichen. Dass sie springen können, zeigen sie uns, wenn wir spazieren gehen oder sie mit Artgenossen spielen. Sie haben damit kein Problem. Nun gilt es dem Hund zu vermitteln, dass er springen soll, wenn wir es wollen, ohne dass er einen Zwang oder Druck verspürt.

Bauen Sie einen Parcours auf, der anfangs niedrige Sprünge (etwa 30 cm Höhe), Weitsprünge (etwa 60 cm) und Kletterbereiche umfasst. Sie müssen noch nicht mit den Prüfungsgeräten (Hürde und Kletterwand) arbeiten. Seien sie kreativ. Eine oder mehrere umgelegte Holzbänke könnten zum Springen animieren. Ein breiteres, rutschfestes Brett, welches auf einer Kiste aufgelegt wird, lädt zum Klettern ein usw. Bestätigen Sie Ihren Hund mit Futter oder Lob, wenn er anfangs mit Ihnen die Hindernisse gemeinsam

Das Bewältigen solch eines Parcours macht beiden Spaß.

meistert, und fügen Sie immer das Hörzeichen „Hopp“ hinzu. Sie werden sehen, bald macht es Ihnen und Ihrem Hund riesigen Spaß, den Parcours zu bewältigen.

Stellen Sie die Hindernisse in unterschiedlichen Abständen auf. Erhöhen Sie im weiteren Verlauf die Sprunghöhen. Es wäre gut, dann unterschiedliche Sprunghöhen zu integrieren. Verlängern Sie den Weitsprung.

Erschweren Sie das Klettern. Zeigt der Hund hier etwas Scheu, locken Sie ihn mit Futter darüber. So lernt Ihr Hund gezielt, Sprünge und Hindernisse zu absolvieren.

Bauen Sie jetzt die Prüfungsgeräte ein. Die Hürde sollte nicht gleich auf 1 Meter Höhe gestellt werden und die Kletterwand sollte zunächst auch erst flach stehen, um dem Hund das richtige Gefühl für das Klettern zu vermitteln.

Gehen Sie den Parcours in beide Richtungen (quasi Hin- und Rücksprung). Bald wird der Hund selbstständig neben Ihnen die Geräte meistern.

Nun ist es an der Zeit, prüfungsorientiert zu arbeiten. Hürde und Kletterwand stehen auf dem Übungsgelände. Wir bereiten die Geräte vor, das heißt, der Steckzaun wird links und rechts der Geräte so angebracht, dass der Hund nur über die Geräte zu uns gelangen kann.

Bevor die Geräte aufgebaut werden, wird zunächst der Steckzaun aufgestellt.

Übung!

Wir fangen mit niedriger Höhe an. Die 1-Meter-Hürde wird auf etwa 40 bis 50 cm Höhe eingestellt, die Kletterwand auf etwa 1 Meter Höhe.

Eine Hilfsperson hält den Hund am Geschirr fest. Wir gehen auf die andere Seite und an das Gerät heran und zeigen dem Hund, wo er am besten hinüberspringen soll, indem wir auf die entsprechende Stelle klopfen. Dann gehen wir mindestens zehn Schritte zurück, damit der Hund frei springen kann.

Wir geben das Hörzeichen „Hopp“ und die Hilfsperson gibt den Hund frei. Der Hund wird, wie gelernt, über die Hürde springen und zu uns kommen. Dort angekommen wird er mit Lob und Bestätigung von uns empfangen.

Dann wechseln wir die Seite. Der Hund soll von Anfang an auch den Rücksprung zeigen. Langsam wird die Hürde höher gestellt. Nun stellen wir uns in der Grundstellung neben den Hund und sagen „Hopp“. Auf der anderen Seite bekommt er von der Hilfsperson das Leckerli. Dann wird der Hund von der Hilfsperson an Geschirr oder Halsband gehalten und wir machen auf uns aufmerksam. Nun sagen wir wieder „Hopp“, der Hund wird freigegeben und kommt über die Hürde mit einem Sprung zu uns zurück. Erst wenn das klappt, können wir die Hilfsperson ab- und das Apportierholz einbauen.

Bitte anfangs wieder den Markierungsstock, wegen Überlaufgefahr, nach dem Holz setzen. Die Begrenzung lassen wir noch lange bestehen. Hier soll der Hund keine Chance zum Umlaufen des Hindernisses erhalten.

Der Sprung über die Hürde wird zunächst noch mit einer Hilfsperson geübt (a). Das anschließende Bestätigen ist immer wichtig (b).

Die Kletterwand

Wie der Begriff schon aufzeigt, soll der Hund hier klettern. Wenn wir den Aufbau zu schnell durchführen, wird der Hund gegen die Kletterwand springen und von oben (später etwa 1,80 Meter hoch) abspringen. Dies gilt es mit einem sorgfältigen Aufbau zu vermeiden.

Übung!
Die Kletterwand wird auf etwa 1 Meter Höhe eingestellt. Eine Hilfsperson hält den Hund am Geschirr fest. Wir gehen seitlich an das Gerät und zeigen dem Hund, am besten mit Klopfen an der gewünschten Stelle, dass er hinüberklettern soll. Wir geben das Hörzeichen „Hopp“ und die Hilfsperson gibt den Hund frei. Der Hund wird mit dem Futter unten, also zu Beginn der Kletterwand, empfangen und über die Kletterwand langsam geführt. Unten wieder angekommen wird er mit Lob und Futter am Boden, direkt hinter der Kletterwand, bestätigt. Dann wechseln wir die Seite. Der Hund soll von Anfang an auch den Rücksprung zeigen.

Langsam wird die Kletterwand höher gestellt. Wir führen den Hund nun nicht mehr mit Futter über die Kletterwand, sondern arbeiten wie bei der Hürde, allerdings erst, wenn der Hund sicher klettert und nicht zu hoch aufspringt.

Wir erinnern uns:

Eine Hilfsperson hält den Hund am Geschirr fest. Wir gehen auf die andere Seite und an das Gerät heran und zeigen dem Hund, indem wir auf die Stelle klopfen, wo er hinüberklettern soll. Dann gehen wir ein paar Schritte zurück, damit der Hund frei klettern kann. Wir geben das Hörzeichen „Hopp" und die Hilfsperson gibt den Hund frei. Der Hund wird, wie gelernt, über die Kletterwand klettern und zu uns kommen. Dort angekommen wird er mit Lob und Bestätigung von uns empfangen. Rücksprung nicht vergessen. Langsam wird die Kletterwand bis zur endgültigen Höhe eingestellt.

Nun stellen wir uns in der Grundstellung neben den Hund und sagen „Hopp". Auf der anderen Seite bekommt er von der Hilfsperson das Leckerli. Dann wird der Hund von der Hilfsperson am Geschirr gehalten, wir machen auf uns aufmerksam und sagen dann wieder „Hopp". Der Hund wird freigegeben und kommt über die Kletterwand zu uns zurück. Erst jetzt können wir die Hilfsperson ab- und das Apportierholz einbauen. Wird das Apportierholz eingebaut, muss unmittelbar nach dem Sprung bzw. nach Überqueren der Kletterwand das Hörzeichen „Bring" statt „Hopp" gegeben werden (siehe Auszug IPO).

Bitte anfangs wieder den Markierungsstock, wegen Überlaufgefahr, nach dem Holz setzen. Die Begrenzung lassen wir noch lange bestehen. Hier soll der Hund keine Chance zum Umlaufen des Hindernisses erhalten. Bitte diese Übung sehr gewissenhaft mit vielen Wiederholungen trainieren.

So sieht es aus, wenn der Hund die Kletterwand korrekt arbeitet.

Die Geräte von IPO-1 bis IPO-3

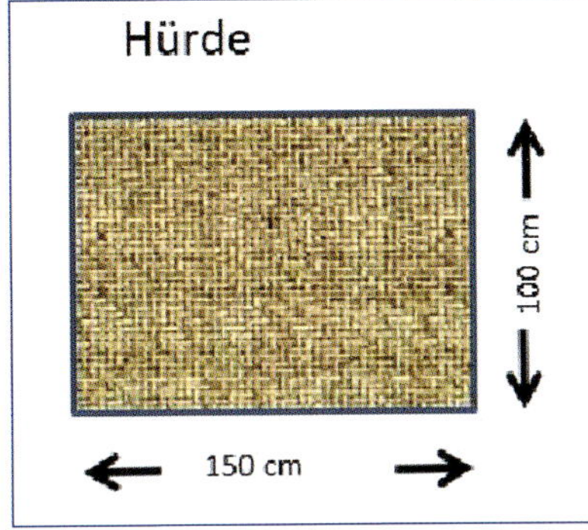

Die Hürde hat eine Höhe von 100 cm und eine Breite von 150 cm. Probesprünge sind während der Vorführung nicht gestattet.

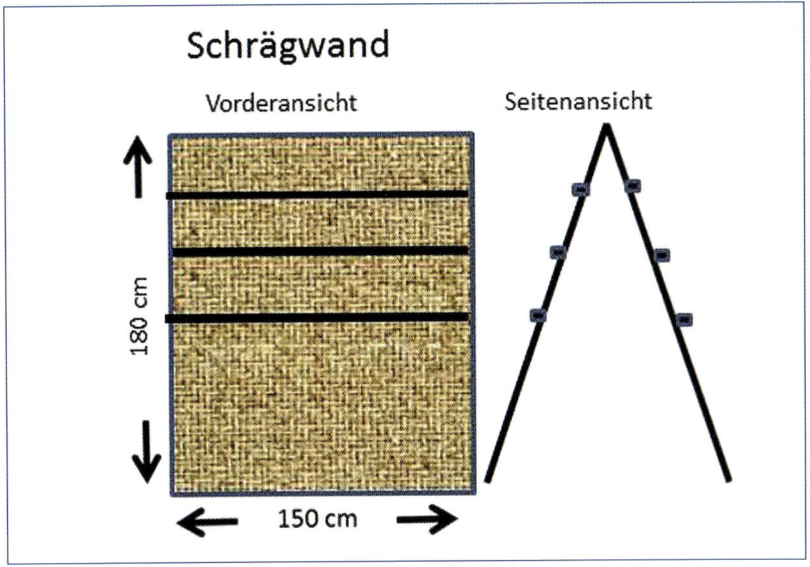

Die Schräg- bzw. Kletterwand besteht aus zwei am oberen Teil verbundenen Kletterwänden von 150 cm Breite und 191 cm Höhe. Am Boden stehen diese beiden Wände so weit auseinander, dass die senkrechte Höhe 180 cm ergibt. Die ganze Fläche muss mit einem rutschfesten Belag versehen sein. An den Wänden sind in der oberen Hälfte je drei Stegleisten (24 x 48 mm) angebracht. Probesprünge sind während der Vorführung nicht gestattet.

Alle Hunde einer Prüfung müssen die gleichen Hindernisse überspringen.

Das Bringholz von IPO-1 bis IPO-3

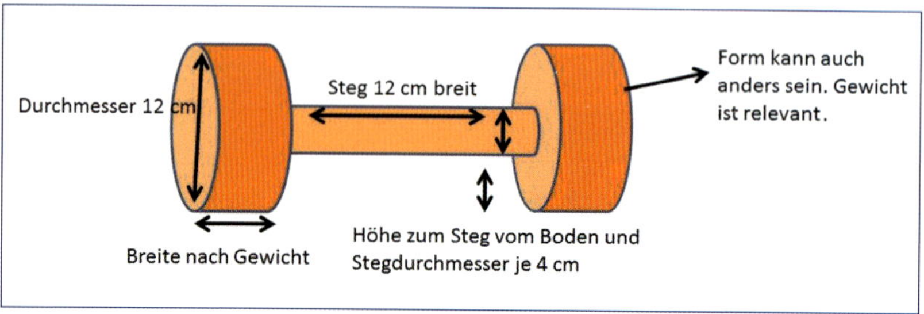

Vorgeschriebenes Gewicht der Bringhölzer

	IPO-1	*IPO-2*	*IPO-3*
zu ebener Erde	*650 g*	*1000 g*	*2000 g*
Hürde	*650 g*	*650 g*	*650 g*
Schrägwand	*650 g*	*650 g*	*650 g*

Das Voraus

AUSZUG AUS DER IPO

Voraussenden mit Hinlegen

a) Je ein Hörzeichen für „Voraussenden“, „Ablegen“, „Aufsetzen“

b) Ausführung: Aus gerader Grundstellung geht der HF mit seinem freifolgenden Hund in der ihm angewiesenen Richtung geradeaus. Nach 10 bis 15 Schritten gibt der HF dem Hund unter gleichzeitigem, einmaligem Erheben des Armes das HZ „Voraus/Voran“ und bleibt stehen. Hierauf muss sich der Hund zielstrebig, geradlinig und in schneller Gangart mindestens 30 Schritte in der angezeigten Richtung entfernen. Auf Richteranweisung gibt der HF das HZ „Platz“, worauf sich der Hund sofort hinlegen muss. Der HF darf den Arm so lange richtungsweisend hochhalten, bis sich der Hund gelegt hat. Auf Anweisung des LR geht der HF zu seinem Hund zurück und tritt rechts neben ihn. Nach ca. 3 Sekunden muss sich der Hund nach Anweisung des LR auf das HZ „Sitz“ schnell und gerade in die Grundstellung aufsetzen.

Zum sicheren Voraus gehören Gehorsam bei der Entwicklung und beim Platz auf Distanz ebenso das Trennen vom Teamführer über eine Strecke von etwa 30 Schritten, und zwar am besten in der schnellsten Gangart.

Hier arbeite ich mit einem Loch im Boden (für den MG).

Als Erstes wird auf dem Übungsgelände, ziemlich am Ende (3 bis 4 Meter vor dem Ende) ein Loch gegraben. Dies sollte die Tiefe haben, dass ein MG, unsichtbar für den Hund aus der Ferne, hineinpasst. Das hängt natürlich von dem MG ab. Ein Fußball braucht ein größeres Loch als ein Tennisball. Ich arbeite hauptsächlich mit Beißwürsten, da reichen eine Tiefe von 15 cm und eine Breite von 30 x 30 cm aus. Der Hund soll den MG einfach aufnehmen können und aus der Distanz sowie noch kurz vor dem Loch noch nicht sehen können.

Der Motivationsgegenstand wird in ein Loch gelegt, damit ihn der Hund aus der Ferne nicht sehen kann.

Für die weitere Arbeit benötigen wir noch eine Hilfsperson. Diese ist für den MG zuständig. Ebenso benötigt der Teamführer ein zweites gleichwertiges MG. Nachdem die Voraussetzungen dafür gegeben sind, fangen wir mit dem Training an.

Übung!

Wir stellen uns ungefähr 5 Meter vor dem Loch auf, und zwar so wie der Vorausweg sein soll. Die Distanz sollte noch nicht größer gewählt werden. Es gibt einige Hunde, die Weiten nicht richtig einschätzen können und dann zu kurz laufen und anfangen zu suchen. Das wollen wir vermeiden.

Wir halten unseren Hund am Anfang ohne Grundstellung am Halsband oder Geschirr fest. Die Hilfsperson legt den MG – für den Hund momentan noch sichtbar – in das Loch. Dann heben wir den rechten gestreckten Arm in Richtung des MG und geben den Hund frei. Dieser wird sofort in die angegebene Richtung laufen und sich den MG holen. Diese Übung wiederholen wir, in einer Übungsstunde aber höchstens drei Mal.

Der Hund wird erst freigegeben, wenn der Motivationsgegenstand in das Loch gelegt wurde.

Zusätzlich kann die Hilfsperson den MG zum Leben erwecken, um den Drang des Hundes danach zu steigern. Geht unser Hund sicher und zielstrebig in die angegebene Richtung, können wir das Hörzeichen „Voraus", die Grundstellung und das „Platz" einbauen – natürlich nur, wenn der Hund dieses Hörzeichen kennt und sicher ausführt.

Der MG wird von der Hilfsperson anscheinend wieder in das Loch gelegt. Diesmal wird er aber von der Hilfsperson weggesteckt, das heißt, in dem Loch liegt nichts. Vor dem Voraussenden sollte uns der Hund, wie beim Freigeben zum Apportieren, anschauen. Wir schicken unseren Hund aus der Grundstellung durch Heben des rechten Armes „Voraus". Unser Hund wird das gelernte Verhalten zeigen und zum Loch rennen.

Dort angekommen nun die Überraschung: Kein MG, was nun? In diesem Moment erhält er von uns das Hörzeichen „Platz". Sichtlich irritiert wird er es nicht gleich ausführen. Dann geben wir das Hörzeichen nochmal und siehe da, der Hund legt sich hin. Wir loben den Hund überzeugend mit „Platz, Klasse, Super, Platz". Anfangs wird sich der Hund noch zögernd ablegen. Dann ziehen wir unseren zweiten MG aus der Tasche und bestätigen den Hund bei uns mit dem MG. Ja, richtig, bei uns.

Der Hund soll differenzieren lernen. Ohne Hörzeichen „Platz" erhält er die Bestätigung im Loch und mit Hörzeichen „Platz" erhält er die Bestätigung bei uns. Sofort danach wiederholen wir die Übung, allerdings ist jetzt das MG wieder im Loch.

Nun können wir damit beginnen, die Distanz zum Loch zu vergrößern. Kleiner Tipp: Mehr die Bestätigung im Loch als das „Platz" trainieren, damit die Geschwindigkeit erhalten bleibt.

Die Hilfsperson bekommt nun eine weitere Aufgabe. Wir sprechen uns vorher ab, ob der MG ins Loch gelegt wird oder nicht. Die Hilfsperson ist nun nicht mehr für den Hund sichtbar. Die Ablage des MG kann vor anderen Übungen erfolgen.

Beim Training wird der Hund aus der Grundposition freigegeben (a). Dann soll er auf Distanz die Platzposition einnehmen (b).

Geht der Hund sicher und zielstrebig auf Distanz in die angegebene Richtung und das „Platz“ wird schnell ausgeführt, kommt der abschließende Teil hinzu: die Entwicklung und das Abholen. Die Entwicklung soll laut PO 10 bis 15 Schritte betragen, bevor der Hund durch das Hörzeichen „Voraus“ oder „Voran“ freigegeben wird. Wir trainieren es wie folgt ein:

Wir gehen die 10 bis 15 Schritte Entwicklung und bleiben dann stehen. Der Hund nimmt die Grundposition in der Grundstellung ein, schaut uns an und wird dann freigegeben. Wir vermeiden dadurch ein Vorprellen des Hundes. Bei der Prüfung schicken wir den Hund aus der Bewegung, das heißt, wir gehen die 10 bis 15 Schritte Entwicklung und schicken ihn dann mit dem Hörzeichen „Voraus“ oder „Voran“ aus der Bewegung und bleiben erst dann stehen. Da unser Hund die einzelnen Schritte gelernt hat, wird er auch dann zielstrebig in die angegebene Richtung gehen.

Zum Abholen nach Einnehmen der Platzposition muss der Hund warten, bis der Teamführer ihn abholt und in die Grundstellung bringt. Dies trainieren wir wieder verkürzt. Unser Hund hat gelernt, dass er bei „Platz“ bestätigt wird, und zwar zuerst beim Teamführer durch Freigabe und beim Hinlaufen zum Teamführer. Jetzt lernt er, dass er warten muss, bis der Teamführer bei ihm ist.

Verkürzt heißt, wir gehen wieder auf die 5 Meter Distanz zum Loch zurück, schicken den Hund „Voraus“ und „Platz“. Wir warten kurz mit der Bestätigung und geben den Hund frei. Das Warten bis zur Bestätigung wird immer mehr verlängert und der Abstand zwischen Teamführer und Hund immer weiter verringert, bis wir zur Bestätigung neben unserem Hund stehen. Das Durchlaufen auf Distanz sowie das Platz auf Distanz werden aber weiter trainiert.

Dieser Teil ist ein wichtiger Baustein zur kompletten Übung. Wir setzen im weiteren Verlauf die Übung prüfungsgemäß zusammen, üben aber auch immer wieder die einzelnen Bestandteile der Vorausübung. Wir wollen damit die Schnelligkeit der Ausführung sowie die Arbeitsfreude und Konzentration erhalten.

Wir kommen nun zur letzten Übung im Gehorsam: die Ablage bzw. das Ablegen des Hundes unter Ablenkung.

Die Ablage

AUSZUG AUS DER IPO

Ablegen des Hundes unter Ablenkung

a) Je ein Hörzeichen für „Ablegen", „Aufsetzen"

b) Ausführung: Zu Beginn der Abteilung B eines anderen Hundes legt der HF seinen Hund mit dem HZ „Platz" an einem vom LR angewiesenen Platz aus gerader Grundstellung ab, und zwar ohne die Führleine oder irgendeinen Gegenstand bei ihm zu lassen. Nun geht der HF, ohne sich umzusehen, innerhalb des Prüfungsgeländes wenigstens 30 Schritte vom Hund weg und geht außer Sicht. Der Hund muss ohne Einwirkung des HF ruhig liegen, während der andere Hund die Übungen der PO in der Reihenfolge bis zum Apportieren über die Kletterwand zeigt. Verlässt der Hund den Ablageplatz vor der Apportierübung um mehr als 3 Meter, ist die Übung mit 0 zu bewerten. Auf Anweisung des LR geht der HF zu seinem Hund und stellt sich an dessen rechte Seite. Nach ca. 3 Sekunden muss sich der Hund nach Anweisung des LR auf das HZ „Sitz" schnell und gerade in die Grundstellung aufsetzen.

Zum Abschluss bzw. zu Beginn der Unterordnung muss der Hund noch in die Ablage geführt und dort abgelegt werden. Dort soll der Hund im gesamten Verlauf der Vorführung des anderen Hundes ruhig liegen bleiben und warten, bis er wieder abgeholt wird. Im Prinzip ist dies eine Variante zur Platzübung, die trotzdem wirksam erarbeitet werden muss.

Wir bringen den angeleinten Hund über das Fußlaufen zum gewünschten Ort der Ablage. Der Hund geht neben uns in die Grundstellung.

Übung!
Wir leinen den Hund ab und geben das Hörzeichen „Platz". Wie bereits gelernt legt sich der Hund hin und wir entfernen uns anfangs drei bis vier Schritte, dabei geben wir dem Hund zusätzlich noch das Zeichen für das Warten (hat er in der Grunderziehung gelernt) und stellen uns mit dem Rücken zum Hund. Nach kurzer Zeit, die wir nach und nach verlängern, gehen wir zu unserem Hund und bestätigen das ruhige Verhalten und Liegenbleiben. Das Wiederholen wir bei jeder Übungsstunde. Der Hund soll aber nicht gleich mit einer langen Ablage überfordert werden.

Ab und zu geben wir mit einem Auslöselaut und einem Sprung in die Luft den Hund frei und bestätigen ihn bei uns. So wird die Aufmerksamkeit des Hundes in der Ablage gesteigert. Den Sprung und den Auslöselaut wählen wir so, dass es mit keiner anderen Übung verwechselt werden kann.

Wir gehen auch ab und zu zum Hund zurück und lassen ihn in die Grundstellung mit dem Hörzeichen „Sitz" aufsitzen. Dann bringen wir ihn wieder mit „Platz" in die Ablage und gehen weg. Wir können uns auch einmal wegschleichen. Dies fördert ebenfalls die Aufmerksamkeit. Wir verstecken uns in einem bereitgestellten Versteck und zeigen uns ab und zu. Bei der IPO-3 sind wir außer Sicht des Hundes. So können wir es eintrainieren.

Bleiben Sie immer einfallsreich in der Ausbildung. Das fördert das Vertrauen des Hundes zu Ihnen sowie die Konzentration und die Aufmerksamkeit und macht wesentlich mehr Spaß.

Noch ein wichtiger Tipp: Legen Sie Ihren Hund immer in die Richtung ab, in die Sie selbst gehen werden. Dadurch vermeiden Sie das Drehen des Hundes in diese Richtung, was fehlerhaft ist. Bei Prüfungen gibt es dafür Punktabzug.

Der Hund muss lernen ruhig abzuwarten, auch wenn wir ihm den Rücken zukehren.

Der Schutzdienst

Im Gegensatz zu früheren Ausbildungsmaßnahmen, die einer einseitigen Ausbildung entsprachen, arbeite ich heute in drei Bereichen, die separat erarbeitet und später zusammengeführt werden.

Die Grundlagen

Für diese Arbeit benötigt der Hund **Beuteverhalten, Gehorsam** und **Belastungsstabilität**. Dies ergibt nachfolgend aufgeführte Aufgaben für den Teamführer und den Schutzdiensthelfer: **Belastungsreize, Beutearbeit** und **Gehorsam**, auf die ich im Einzelnen eingehen werde.

Der Vorteil dieser Ausbildung ist: Fehlverknüpfungen in den drei Bereichen sind größtenteils ausgeschlossen, wenn sie miteinander durchgeführt werden.

Die aufgeführten Bereiche sind enorm wichtig und ergeben in der Zusammenführung den optimalen Hund im Schutzdienst. Abweichungen der Veranlagung des Hundes in den einzelnen Bereichen ergeben eine verminderte Erfolgsquote in der Ausbildung und bei Prüfungen, schließen diese aber nicht aus.

Für den Schutzdienst sind nur bestimmte Hundetypen geeignet.

Belastungsreize

Hier wird der Hund mit Belastungen in verschiedenen Situationen konfrontiert. ohne zu beißen. Zeigt der Hund dabei Defizite, wird er in den Bewachungs- und Belastungsphasen nicht überzeugend sein.

Beutearbeit

Hier darf der Hund beißen und soll einen ruhigen, festen Griff erlernen. Dies ermöglicht optimale Einbisse in allen Situationen. Bei extrem ausgeprägtem Beuteverhalten leiden darunter der Gehorsam sowie die Bewachungs- und Verbellphasen.

Gehorsam

Dieser gehört selbstredend zur Ausbildung und sollte ebenfalls optimal sein. Bei einem sensiblen, stark teamführerorientierten Hund könnte der angestrebte Gehorsam zu ausgeprägt sein und die anderen Bereiche negativ beeinflussen.

Veranlagungen

Bevor wir in die Ausbildung einsteigen, hier noch ein paar wichtige Informationen: Menschen wie auch Hunde haben gewisse Wesenseigenschaften, die für die Ausbildung zum Sporthund und für die Teamarbeit wichtig sind.

Ich führe hier vier Wesenseigenschaften von Hunden auf, die aber ganz unterschiedlich stark ausgeprägt und auch in vielen Zwischenstufen vorhanden sein können. Hierbei geht es darum, den Teampartner Hund für die optimale Ausbildung einordnen zu können.

Der Melancholiker

Ein schwacher Typ mit eher passiver Verhaltensweise, mit mangelndem Selbstvertrauen und niedriger Reizschwelle. Für die Ausbildung zum Sporthund ist er eher ungeeignet.

Der Choleriker

Ein stark unausgeglichener Typ mit aktiver, ungezügelter Verhaltensweise, der ständig erregt und leicht überdreht ist. Dieser Typ Hund hat ebenso wie der Melancholiker eine niedrige Reizschwelle. Er kann als Sporthund eingesetzt werden, die Ausbildung ist aber eher schwierig und erfordert viel Geduld und Sachverstand.

Der Sanguiniker

Ein stark ausgeglichener Typ, der aktives und kontrolliertes Verhalten zeigt und eine mittlere Reizschwelle hat. Dieser Typ ist optimal als Sporthund geeignet und relativ einfach auszubilden.

Der Phlegmatiker
Dieser Typ hat im wahrsten Sinne des Wortes die Ruhe weg, ist ausgeglichen mit hoher Reizschwelle und eher passiv. Er ist als Sporthund verwendbar, allerdings fehlt diesem Typ oft die Arbeitsfreude.

Noch etwas zu der Reizschwelle: Wie bei den Wesenseigenschaften beschrieben gibt es unterschiedliche Reizschwellen. Sie beschreiben die Art, wie der Hund auf gewisse Einwirkungen, Belastungen und Umweltreize reagiert.

Für die Ausbildung optimal ist die mittlere Reizschwelle. Hier reagiert der Hund angemessen, kontrolliert und einschätzbar. Bei der geringen Reizschwelle reagiert der Hund überaus schnell, teilweise unkontrolliert und weniger gut einschätzbar im Gegensatz zu dem Hund mit hoher Reizschwelle, der entweder sehr spät oder überhaupt nicht reagiert. Wenn er aber reagiert, kommt es meistens unvorhersehbar und unkontrolliert.

Dies ist natürlich auf die Arbeit im Schutzdienst bezogen. Die Auswirkungen bei der Teamarbeit im Gehorsam und bei der Fährte sind nicht so gravierend. Hier befinden wir uns in anderen Triebbereichen.

Die Ausrüstung

Bevor es an die Ausbildung geht, benötigen wir auch für diese Disziplin eine bestimmt Ausrüstung.

Hierzu gehören: Hetzgeschirr, Halsband, langes Seil (etwa 30 Meter), 10-Meter-Leine, mittlere 3-Meter-Leine, normale 1-Meter-Leine, Lederlappen oder Beißkissen, Wurfarm, Junghundarm, Beißarm, Verstecke klein und groß, Leitpflöcke (zum stecken), Helfer und Auftragsperson.

Um die Bewegungsfreiheit zu gewährleisten und keinen Ruck auf die Halsgegend zu riskieren, verwenden wir das Hetzgeschirr.

Auf den nächsten Seiten werden folgende Ausrüstungsgegenstände gezeigt:

1 – Beißkissen
2 – Grifftechnikkissen
3 – 10-Meter-Leine
4 – Hetzarm groß
5 – Hetzarm mit spitzer Fläche
6 – Hetzarm kurz
7 – Hetzarm ultra
8 und 9 – Hetzgeschirr
10 und 11 – Hetzhalsband
12 – Hetzleder groß
13 – Hetzleder klein
14 und 15 – Junghundarm
16 – Versteck klein
17 – Versteck klein mit Revierkissen
18 – Verstecke
19 und 20 – Wurfarm

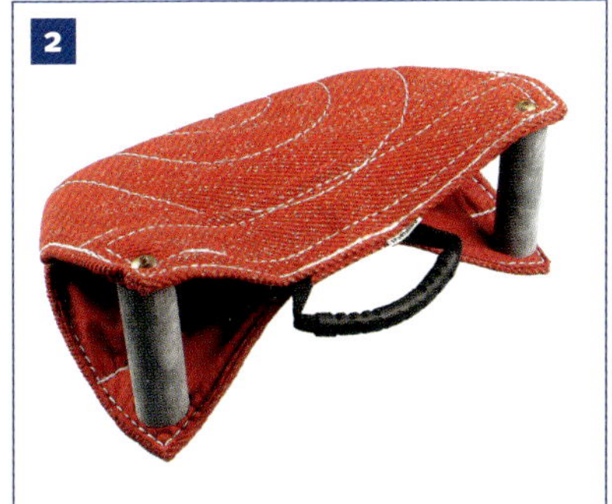

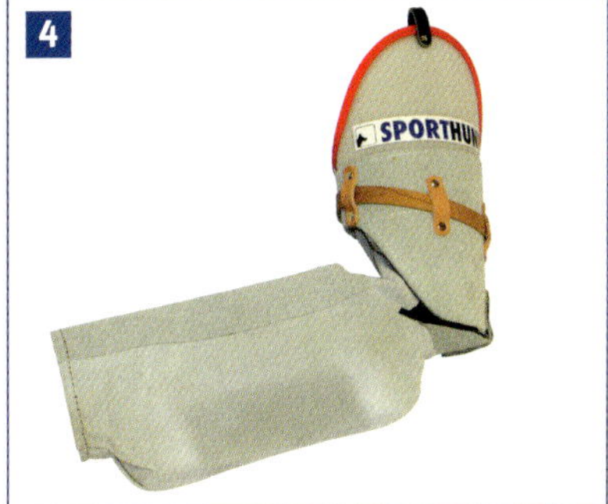
SPORTHUN

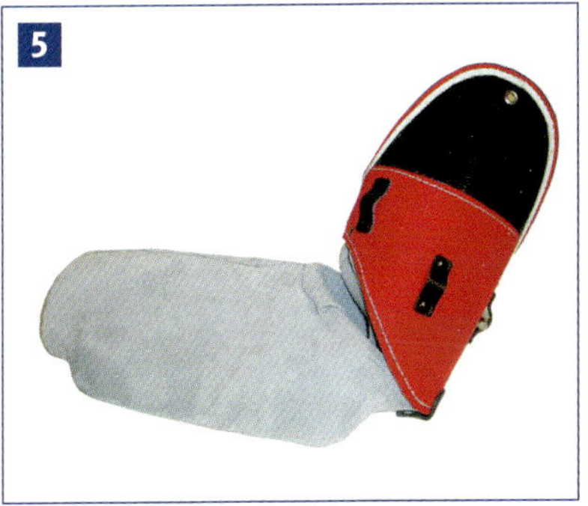

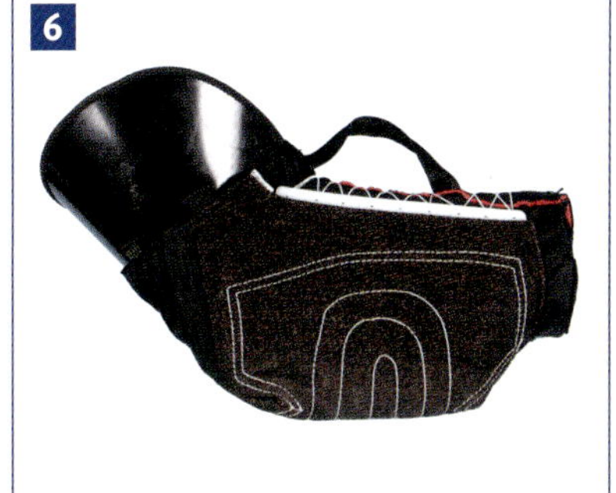

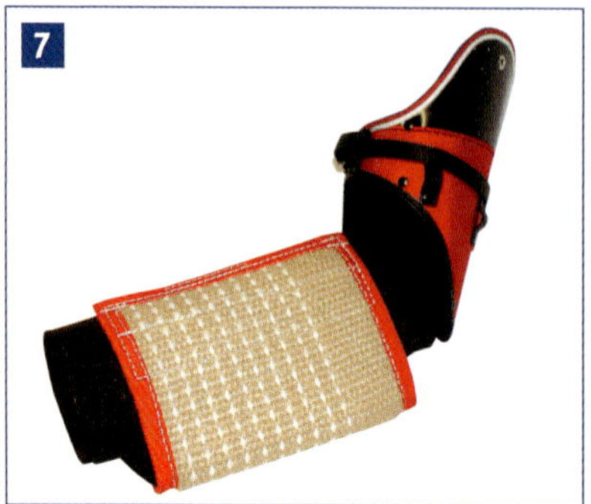
7

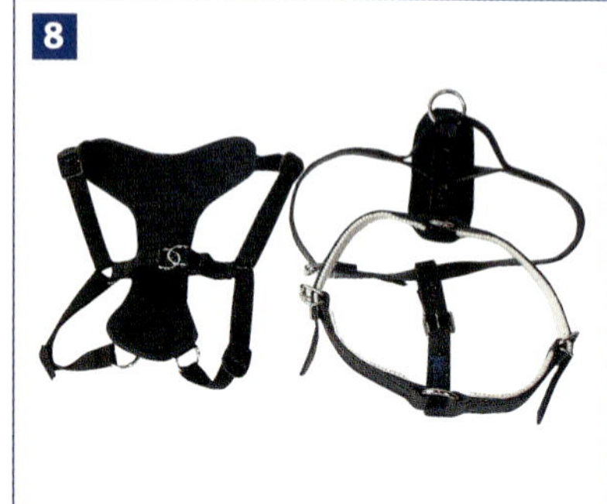
8

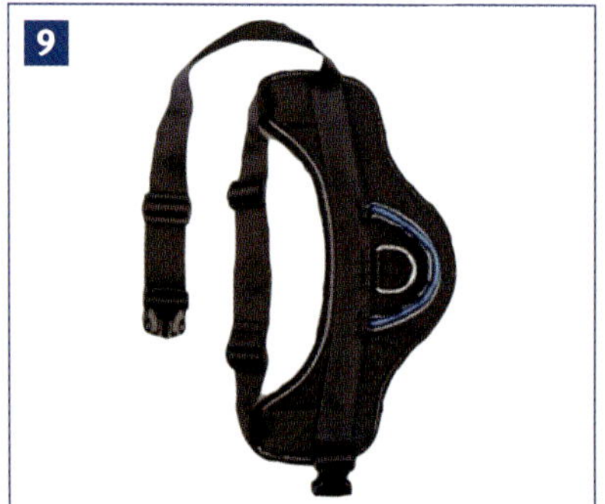
9

10

11

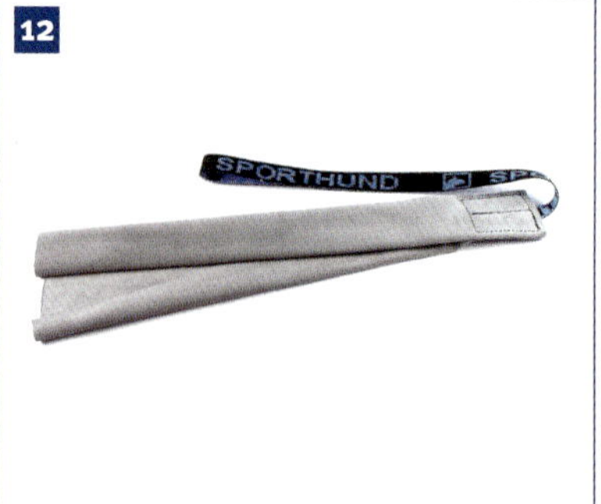
12
SPORTHUND

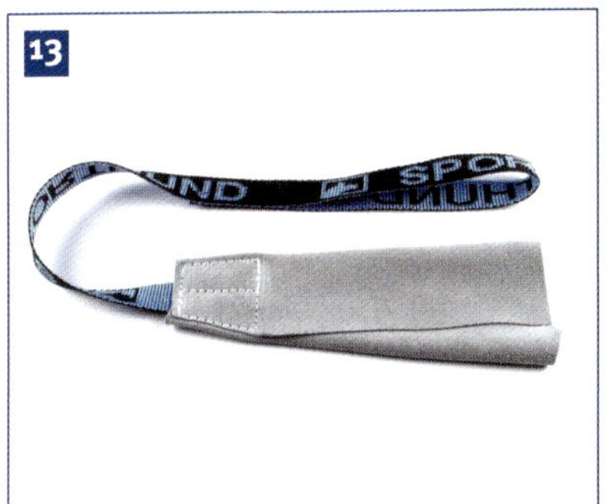
13

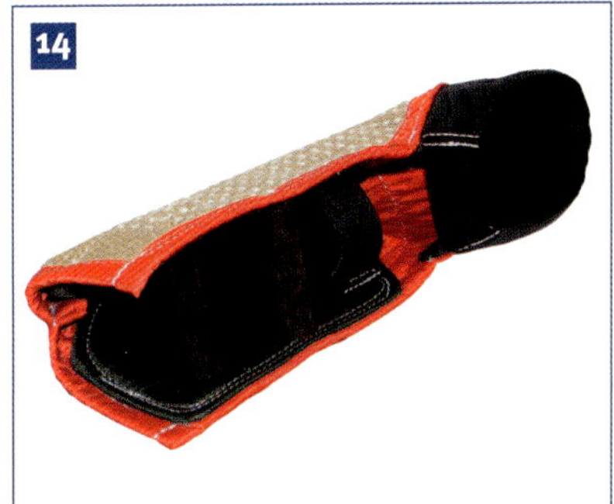
14

15

16

17

18

19

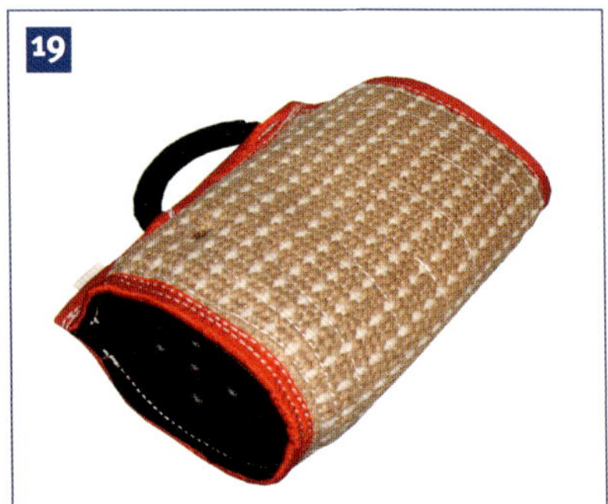

20

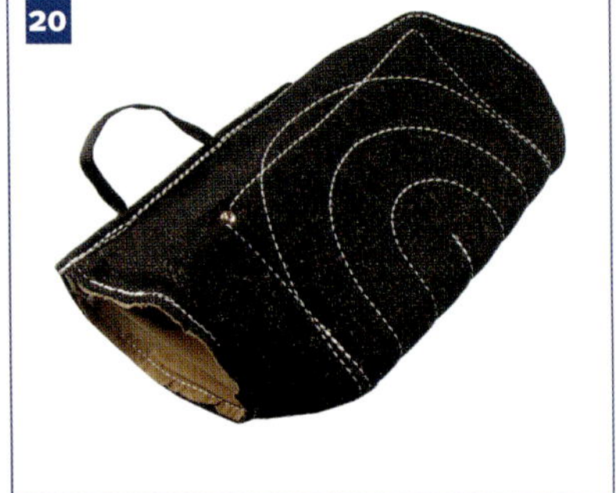

Helfertreiben (Belastungsreize)

Wir beginnen mit diesem Bereich mit einem Hund im Alter von etwa drei bis vier Monaten. Keine Panik: Das funktioniert auch bei älteren Hunden, die in diesem Bereich noch nicht ausgebildet bzw. noch keine Erfahrung haben.

Wir bringen dem Junghund bei, dass er durch sein Verhalten den ihn bedrohenden Helfer (Belastungsreiz) verjagen kann. Die Bestätigung erhält er durch das Vertreiben des Helfers. Sehr schnell wird der Hund an dieser Übung Spaß finden.

Ziel dieser Übung ist es, dass der Hund, sobald er den Helfer erblickt, selbstständig bellt und versucht, den Helfer zu vertreiben. Denn ohne diesen Aufbau tun wir uns über die gesamte Ausbildung, egal ob Verbellen, Bewachen oder in den Belastungen, sehr schwer.

Nun zu den einzelnen Schritten.

Übung!

Schritt 1:
Der Hund wird mit dem Geschirr und an der dort befestigten 1-Meter-Leine auf den Hundeplatz geführt. Im Abstand von etwa 30 Schritten steht ein großes Versteck. Dort befindet sich, für den Hund nicht sichtbar, der Helfer. Wir stehen direkt neben dem Hund und spannen ganz leicht die Leine. Der Helfer erscheint kurz und verschwindet wieder. Sollte der Hund den Helfer nicht gleich erkennen, helfen wir ihm ein bisschen dabei, indem wir ihn darauf aufmerksam machen.

Der Helfer bedroht den Hund noch nicht, sondern zeigt sich nun sichtlich beeindruckt, wenn der Hund reagiert, egal ob er nach vorne zieht oder gar schon bellt. Diese Übung kann unter Umständen mehrere Einheiten dauern, bis der Hund sichtbar reagiert. Anfangs unterstützen wir den Hund mit Lob – aber nicht

Helfertreiben: Der Helfer versteckt sich (a). Der Hund schaut aufmerksam (b). Dann erscheint der Helfer kurz (c) und der Hund reagiert sofort darauf (d).

zu viel, damit der Hund nicht zu stark vom Lob abgelenkt oder gar abhängig wird. Hier heißt die Devise: Geduld zahlt sich am Ende aus.

Schritt 2:
Zeigt der Hund ein aktives Bellen und den sichtbaren Drang nach vorne, führen wir die Belastungsreize ein. Der Helfer verschwindet nun bei einem aktiven Hund nicht gleich im Versteck, sondern kommt leicht drohend dem Hund entgegen. Hier ist das Feingefühl des Helfers erforderlich. Er muss erkennen, wie weit er den Hund schon belasten kann, ohne dass dieser in ein Meideverhalten fällt. Lieber etwas früher den Rückzug antreten, als zu forsch vorgehen!

So steigern wir von Mal zu Mal die Belastungssituation. Zeigt sich der Hund besonders aktiv, gehen wir mit ihm ein Stückchen nach vorne und der Helfer verschwindet beeindruckt im Versteck.

Schritt 3:
Dies machen wir so lange, bis der Helfer die Belastungsreize auch direkt am Hund mit dem Softstock durchführen kann, ohne dass dieser sich vertreiben lässt. Der Helfer bleibt nun auch einmal vor dem Hund stehen und lässt sich

Helfertreiben mit Belastung: Dieser Hund zeigt kein Meideverhalten (a). Der Helfer lässt sich vertreiben (b und c) und verschwindet wieder im Versteck (d).

verbellen. Dies benötigen wir später für die Übung „Stellen und Verbellen“ und für die Bewachungsphasen.

Diese Arbeit kann durchaus ein halbes Jahr oder mehr, je nach Anzahl der Übungen und Veranlagung des Hundes, in Anspruch nehmen. Unabhängig davon bauen wir den nächsten Bereich auf.

Beutearbeit

Hier kann der Teamführer schon recht früh mit der Arbeit beginnen. Hierfür ist auch kein Schutzdiensthelfer erforderlich, außer der Teamführer kann nicht richtig und engagiert mit seinem Hund spielen. Falls der Helfer diesen Part übernehmen sollte, wird ohne Verbellen und nur beuteorientiert gearbeitet.

Übung!
Zuerst fördern wir die Augen-Fang-Koordination mit einer sogenannten Reizangel. Die Beute (weiches Tuch oder Ähnliches) wird mit der Angel vor dem Welpen (Junghund) schnell hin und her bewegt. Dieser wird versuchen, die vermeintliche Beute zu erreichen und zu beißen. Ist dies erfolgt, wird er für das Verhalten gelobt und darf die Beute behalten, bis er sie freiwillig ablegt. Danach geht das Beutefangen weiter. So werden der Fangreflex und der Augenreflex trainiert.

Danach können Zerrspiele mit einem Lappen oder Ähnlichem trainiert und gefestigt werden.

Mit der Reizangel wir die Koordination geschult.

Übung!

Wir nehmen ein weiches Tuch und wedeln dem kleinen Racker vor der Nase herum. Bitte nicht in den Fang drücken! Wenn der Welpe nach dem Tuch schnappt, geben wir es gleich ab und loben ihn dafür.

Im nächsten Schritt geben wir das Tuch erst mit einem kleinen – wirklich kleinen! – Widerstand ab. Langsam wird es dem Hund Spaß bereiten. Nun erschweren wir dem Hund das Erreichen des Tuches, indem wir es kurz vor dem Einbiss schnell wegziehen, bleiben aber damit in Nähe des Fanges. Wir wollen den Hund nicht frustrieren, sondern stärker motivieren.

Ist dies erfolgreich (wie immer in kleinen Schritten arbeiten), beginnen wir mit den Zerrspielen. Der Hund sollte anfangs immer für sein aktives Verhalten bestätigt werden, indem er die Beute gewinnt. Sie werden sehen, dass macht dem Hund sehr viel Spaß.

Zerrspiele sind für den Hund die Bestätigung.

Er wird Ihnen die Beute freiwillig präsentieren, um wieder in den Genuss des Gewinnens zu kommen. Hier können wir problemlos das „Aus“, wie in der Grunderziehung beschrieben, stressfrei einbauen. Möchte er die Beute nicht abgeben, trainieren wir wie bereits im Abschnitt Erziehung behandelt und erinnern den Hund an das gelernte Verhalten.

Wir spielen immer chancenreich und fangnah. Langsam können wir dann von dem Lappen über das Beißkissen bis hin zum Junghundarm oder Beißarm wechseln sowie das Einspringen und Niederziehen trainieren. Der Einsatz des prüfungsgerechten Beißarmes bestimmt jeder Helfer und wird individuell auf den Hund abgestimmt.

TIPP!

Man sollte nicht immer mit dem „Aus" arbeiten, sonst bringt uns der Hund die Beute vielleicht nicht mehr. Man sollte abwechseln zwischen dem „Aus" und dem Weiterspielen.

Ebenso zeigen wir den Softstock, der ab und zu den Hund von oben nach unten berührt. Langsam einbauen und nicht gleich zu heftig werden! Körperberührungen werden ebenfalls mit eingebaut. Unser Hund wird nun sehr stark auf die „Beute" orientiert sein, das nützen wir aus, um mit dem Bereich Gehorsam zu beginnen.

Gehorsam im Schutzdienst

Übung!

Wir befestigen die Beute (Junghundarm oder Beißkissen) an der 3-Meter-Leine und entfernen uns so weit von der Beute, dass die Leine noch locker durchhängt. An diese Stelle begeben wir uns mit unserem Hund; dieser ist an der 1-Meter-Leine, die am Halsband befestigt ist. Somit kann der Hund nicht unkontrolliert zur Beute rennen.

1. Teilübung:

Der Hund sitzt in der Grundstellung. Nach dem Hörzeichen „Fuß" soll er zu uns hochschauen. Ist dies geschehen, geben wir ihn frei und er darf zur Beute und mit der Beute zerren. Bei Bedarf kann eine Hilfsperson die Beute leicht bewegen, damit der Hund diese wahrnimmt. Zu Anfang soll der Hund sehr schnell sein Triebziel (die Beute) bekommen. Im weiteren Verlauf öffnen wir das Zeitfenster und der Hund soll uns schrittweise immer länger anschauen (ausdehnen bis etwa 5 bis 10 Sekunden), bevor er zur Beute geschickt wird.

2. Teilübung:

Wir halten den Hund am Geschirr und werfen das Beißkissen 3 bis 4 Meter von uns weg. Der Hund schaut natürlich zum Kissen. Das nützen wir aus, sagen „Helfer" und geben ihn frei. Nach einigen Wiederholungen flechten wir den Gehorsam ein und lassen den Hund sitzen, gesichert an der Leine. Dann Kissen wegwerfen, „Helfer" sagen und der Hund darf sich das Kissen holen.

Nun üben wir in der Grundstellung. Eine Hilfsperson legt das Kissen 3 bis 4 Meter links vom Hund ab. Dann erfolgt die gleiche Übung mit „Helfer“ und anschließender Freigabe.

3. Teilübung:
Hier erfolgen jetzt abwechselnd die Übungen „Fuß“ mit anschließender Bestätigung und „Helfer“ mit anschließender Bestätigung.

Hat unser Hund diese Übungen in der Grundstellung verknüpft, bauen wir es in die Fußarbeit ein. Wir beginnen schrittweise und lassen den Hund an-

Beim Hörzeichen „Helfer“ soll der Hund zur Beute schauen (a), beim Hörzeichen „Fuß“ zum Teamführer (b).

fangs schnell zum Erfolg kommen. Im weiteren Verlauf erwarten wir eine längere Fußarbeit. Wir wechseln ab „Fuß“ und „Helfer“ und achten konsequent auf die perfekte Position am Fuß.

4. Teilübung:
Nun kommt die Steigerung, die zur gewünschten Endausführung führt. Wir sagen „Fuß“ und der Hund soll hochschauen zu uns, dann sagen wir „Helfer“ und der Blick des Hundes richtet sich zum Beißkissen, später zum Helfer. Jetzt wird der Hund nicht gleich freigegeben, sondern er muss länger warten bis zur Freigabe.

Der Hund muss trotz der Beute in der Nähe gehorsam Fuß gehen (a) und darf die Beute erst holen, wenn er freigegeben wird (b).

Wir wollen damit erreichen, dass der Hund bei dem Hörzeichen „Helfer" Blickkontakt mit der Beute und später mit dem Helfer aufnimmt, ohne dass er zum Helfer hinrennt.

Notfalls können wir den Hund durch die 1-Meter-Leine am Weglaufen hindern. Es reicht aus, die Leine in Spannung zu nehmen und stehen zu bleiben. Nach Beruhigung des Hundes lassen wir wieder locker.

Wir trainieren nun abwechselnd mit den Hörzeichen „Fuß" und „Helfer". Zeigt der Hund das erwünschte Verhalten, das heißt bei „Fuß" Blickkontakt zum Teamführer, bei „Helfer" Blick zur Beute, später Helfer, und bleibt sicher am Teamführer, haben wir ein Teilziel im Gehorsam erreicht.

Wir steigern nun die Zeit der richtigen Fußposition, bis wir den Hund freigeben. Wir beginnen mit dem Fußlaufen im Abstand von etwa 3 Metern um die Beute im Kreis. Der Hund ist auf unserer linken Seite. Der Bereich Hund/Beute ist frei von Hindernissen, das heißt, der Hund kann direkt zur Beute nach Freigabe. Unser Hund ist immer an der 1-Meter-Leine, um konsequent das selbstständige Entfernen zu vermeiden.

Diese Übung wird auch mit Fußlaufen in alle Richtungen variiert. Zusätzlich rufen wir den Hund mit dem Hörzeichen „Hier Fuß" von der Beute nach dem „Aus" ab, danach bekommt er wieder seine Beute als Bestätigung. „Hier Fuß" bedeutet für den Hund Einnehmen der Grundstellung beim Teamführer.

Diese Übung wird gesteigert, indem eine Auftragsperson die Beute aufnimmt und bewegt, anfangs nur wenig, später intensiver. So lernt der Hund sicher, dass er nur über den Gehorsam (Umlenkung) sein Triebziel erreicht. Am Ende dieses Bereiches steht das Einspringen und Einbeißen in den Beißarm aus dem Gehorsam, wechselnd mit der „Fuß-Helfer"-Übung und der „Hier-Fuß"-Übung.

Die konsequente Einarbeitung dieser Übung ist Voraussetzung für den nächsten Schritt, nämlich das Zusammenführen der seither erlernten Bereiche: Belastungsreize, Beutearbeit und Gehorsam.

Die Zusammenführung

Unser Hund kennt nun alle Bereiche, die für eine optimale Ausbildung erforderlich sind, und somit können wir diese kombinieren.

Wir beginnen mit dem Helfertreiben.

Übung!
Das Team Mensch/Hund steht im Abstand von etwa 30 Schritten zum Versteck. Der Hund trägt ein Hetzgeschirr, an dem eine 10-Meter-lange Leine eingehängt ist (diese hält eine Hilfsperson, die sich rechts hinter dem Hundeführer postiert). Der Hundeführer befindet sich direkt am Hund, und zwar auf dessen linker Seite. Am Halsband des Hundes befindet sich eine 1-Meter-Leine, die vom Teamführer gehalten wird.

Wie im Abschnitt „Belastungsreize" beschrieben zeigt sich der Helfer beeindruckt und flüchtet ins Versteck. Von dort erfolgt die Verwandlung in die Beute. Das bereitgelegte Beißkissen und der Softstock (im Versteck) werden vom Helfer übergezogen bzw. aufgenommen. Nun tritt der Helfer auf der anderen Seite ruhig aus dem Versteck. Hierbei werden keine Belastungsreize, sondern Beutereize gezeigt.

So wird das Team richtig aufgestellt.

Der Helfer bewegt sich in normaler Gangart im Bogen von links in Richtung Hund und beschleunigt vier bis fünf Schritte vor dem Hund seine Gangart. Auf Höhe des Hundes wird das Beißkissen sauber zum Einbiss präsentiert. In diesem Moment wird der Hund vom Teamführer freigegeben, indem dieser die 1-Meter-Leine loslässt, und darf einbeißen. Die 10-Meter-Leine wird in dieser Aktion von der Hilfsperson gestrafft, sodass Zug auf die Beute besteht.

Wenn der Hund versucht, die Beute zu verteidigen, indem er Richtung Helfer geht (a), darf er die Beute schließlich aufnehmen (b).

Der Helfer entfernt sich mit dem Hund ungefähr fünf Schritte vom Teamführer, und zwar mit andauerndem Zug auf die Beute. Danach geht er gegen den Hund und treibt ihn unter immer noch gespannter Leine mit Stockbelastung zum Teamführer zurück, der seinen Hund lobend in Empfang nimmt. Der Helfer gibt den Arm ab und der Hund darf diesen jetzt ruhig halten. Nach angemessener Zeit, sobald der Hund zur Ruhe gekommen ist (der Helfer steht unbeteiligt im Abstand von etwa 5 Metern), wird das Hörzeichen „Aus“ gegeben.

HINWEIS!

Dies war die Beschreibung für rechts arbeitende Helfer. Bei links arbeitenden Helfern werden die Stellungen von Hilfsperson, Teamführer und Helfer spiegelverkehrt durchgeführt.

Der Teamführer stellt den Hund dicht vor oder sogar über den Beißarm. Die Hilfsperson hält den Hund an der 10-Meter-Leine im Geschirr. Nun versucht der Helfer, dem Hund die Beute wegzunehmen, wobei der Helfer Unsicherheit in seinem Verhalten demonstriert. Das soll den Hund „stark“ machen. Geht der Hund aktiv nach vorne in Richtung Helfer, geben wir den Hund, der am Geschirr gehalten wird, frei und er darf die Beute, die er sich wieder erkämpft hat, stolz vom Platz tragen.

Diese Übung wird so lange erarbeitet, bis der Hund ein sicheres und überzeugendes Verhalten zeigt. Nun ist es an der Zeit, prüfungskonform mit unserem Hund zu arbeiten.

Wir beginnen mit der Revierarbeit.

Das Revieren

AUSZUG AUS DER IPO

Revieren nach dem Helfer

a) Je ein Hörzeichen für „Revieren“, „Herankommen“ (Das HZ „Herankommen“ kann auch in Verbindung mit dem Namen des Hundes gegeben werden.)

b) Ausführung: Der Helfer befindet sich, für den Hund nicht sichtbar, im letzten Versteck. Der HF nimmt mit seinem Hund vor dem ersten Versteck Aufstellung, sodass sechs Seitenschläge möglich sind. Auf Anweisung des LR beginnt die Abteilung C. Auf ein kurzes Hörzeichen „Revier“ und Sichtzeichen mit dem rechten oder linken Arm, welche wiederholt werden können, muss sich der Hund schnell vom HF lösen und zielstrebig das angewiesene

Versteck an-, eng und aufmerksam umlaufen. Hat der Hund einen Seitenschlag ausgeführt, ruft ihn der HF mit dem HZ „Name des Hundes und Hier" zu sich heran und weist ihn aus der Bewegung heraus mit erneutem HZ für „Revieren" zum nächsten Versteck ein. Der HF bewegt sich im normalen Schritt auf der gedachten Mittellinie, die er während des Revierens nicht verlassen darf. Der Hund muss sich immer vor dem HF befinden. Wenn der Hund das Helferversteck erreicht hat, muss der HF stehen bleiben, HZ sind dann nicht mehr erlaubt.

HINWEIS!

Bei IPO-1 ist ein Seitenschlag, bei IPO-2 sind drei Seitenschläge und bei IPO-3 sind fünf Seitenschläge bis zum Verbellversteck erforderlich.

Erarbeiten dieser Übung im Detail

Zuerst kommen zwei kleine Verstecke zusammen mit den Leitpflöcken zum Einsatz (Abstand etwa 20 Schritte). Wir arbeiten mit Futter, um dem Hund das Umlaufen des Versteckes schmackhaft zu machen.

Ich erkläre die Übung, wie sie für generell links arbeitende Helfer am besten geeignet ist. Es bleibt jedem selbst überlassen, ob der Hund die Verstecke anders umlaufen soll. Da die meisten Helfer links arbeiten, ist diese Übungsweise optimal, da der Hund auf der freien Seite (Nichtarmseite) das Versteck anläuft und nicht die Gefahr des Anstoßens (Punktabzug) besteht.

Wir beginnen mit dem Versteck zu unserer Rechten.

Übung!

Der Hund wird links, knapp neben dem Versteck, in die Platzposition gebracht. Sollte es mit der Platzposition nicht möglich sein, weil der Hund meidet oder noch nicht sicher liegen bleibt, können wir die Übung auch aus dem Sitz oder mit einer Hilfsperson, welche den Hund hält, erarbeiten. Bitte nicht mit Druck arbeiten! Der Hund soll diese Arbeit und das Versteck positiv verknüpfen.

Mit dem Hörzeichen „Revier" führen wir nun mit der linken Hand den Hund um das Versteck und achten darauf, dass er zwischen Versteck und Leitpfosten, welcher auf der linken Seite steht, das Versteck umrundet. Wir stehen nun links vom Versteck frontal in gerader Richtung und empfangen den Hund mit der linken Hand (Futterhand), welche ungefähr auf Hüfthöhe ist. Dazu geben wir das Hörzeichen „Hier". Das „Hier" kann laut Prüfungsordnung auch zusammen mit dem Namen des Hundes ausgesprochen werden.

Wir wiederholen die Übung so lange, bis der Hund, ohne dass wir ihn mit der Futterhand führen, das Versteck nach dem Hörzeichen selbstständig umläuft.

So wird dem Hund beigebracht, das Versteck möglichst eng zu umrunden.

Dann erhöhen wir unseren Abstand zum Versteck, bis wir auf der Mitte der zwei Verstecke sind. Nun legen wir den Hund nicht mehr in Platzposition neben dem Versteck ab, sondern bringen ihn in Fußposition und schicken ihn direkt um das Versteck. Anfangs sind wir erst wieder näher am Versteck, dann vergrößern wir den Abstand. Achten Sie immer darauf, dass der Hund zwischen Versteck und Leitpfosten bleibt.

Hier wird der Hund beim Revieren erst zum Versteck auf der linken Seite (a bis d) und danach …

... zum Versteck auf der rechten Seite (e) geschickt, das er auch umrundet (f bis h).

Ist die Übung sicher verknüpft, beginnen wir mit dem Versteck auf der linken Seite. Im Gegensatz zum rechten Versteck wird der Hund hier rechts neben dem Versteck in die Platzposition gebracht und mit der rechten Hand (Futterhand) auf Höhe der Hüfte in Empfang genommen. Ansonsten ist der Aufbau identisch wie zuvor beschrieben.

Haben wir auch hier die Mitte zwischen den zwei Verstecken erreicht, beginnen wir damit, den Hund einmal rechts und einmal links mit den Hörzeichen zu schicken.

Immer erst weiterarbeiten, wenn die einzelnen Übungen sicher funktionieren!

Jetzt können wir mit den großen Verstecken beginnen, wobei die Leitpfosten weiterhin gesteckt werden. Wir stellen jetzt schon alle sechs Verstecke auf (werden bei der IPO-3 benötigt). Erst stellen wir die Verstecke eng zusammen und dann vergrößern wir immer weiter den Abstand. (Die Verstecke werden immer paarweise aufgebaut und dann zusammengesetzt.) Haben wir so Schritt für Schritt dem Hund beigebracht, alle Verstecke zu umlaufen, können wir mal von oben und mal von unten revieren. Laut Prüfungsordnung soll der Hund die Verstecke eng und aufmerksam umlaufen.

Aufmerksames Umlaufen erreichen wir später dadurch, indem wir den Helfer (nächster Abschnitt) immer wieder in ein anderes Versteck stellen. Generell empfiehlt es sich, immer mit allen Verstecken zu arbeiten. Wir vermeiden dadurch eine Fehlverknüpfung wie zum Beispiel das Auslassen von Verstecken beim Revieren oder direktes Hinlaufen zum Helfer.

Als nächsten Schritt bauen wir den Helfer zum Stellen und Verbellen in die Ausbildung mit ein.

Stellen und Verbellen

AUSZUG AUS DER IPO

Stellen und Verbellen

a) Je ein Hörzeichen für „Herankommen", „in Grundstellung gehen"
Die HZ für „Herankommen" (Hier-Fuß) und für „in Grundstellung gehen" müssen als ein zusammenhängendes Kommando gegeben werden.

b) Ausführung: Der Hund muss den Helfer aktiv, aufmerksam stellen und anhaltend verbellen. Der Hund darf den Helfer weder anspringen noch darf er zufassen. Nach einer Verbelldauer von ca. 20 Sekunden, geht der HF auf Anweisung des LR bis auf 5 Schritte an das Versteck heran. Auf Anweisung des LR ruft der HF seinen Hund in die Grundstellung ab. Der Helfer wird nach Freigabe durch den Leistungsrichter vom Hundeführer aufgefordert aus dem Versteck herauszutreten und auf der für ihn markierten Fluchtposition aufgestellt. Der Hund hat hierbei ruhig (z.B. ohne Bellen), gerade und aufmerksam in der Grundstellung zu sitzen.

Nachdem wir unserem Hund das Helfertreiben bis hin zum Verbellen am Helfer – ohne in den Arm zu beißen – konsequent beigebracht haben, können wir zum nächsten Schritt übergehen.

Übung!
Der Helfer mit Wurfarm (weicher Arm) steht für den Hund sichtbar im Versteck. Eine Hilfsperson hält eine am Geschirr befestigte 3-Meter-Leine. Der Teamführer führt den Hund am Geschirr bis kurz vor den Helfer.

So wird der Hund zum Helfer mit Wurfarm geführt.

Der Teamführer stellt sich nun mit der Front zum Schutzdiensthelfer auf, um mit seinem Körper den Beißarm abzudecken, und lässt den Hund frei. Die Hilfsperson achtet darauf, dass der Hund nicht einbeißen kann. Der Hund hat gelernt, den stehenden Helfer zu verbellen. Richtig beigebracht wird er das gelernte Verhalten zeigen.

Bellt der Hund aktiv und schaut dem Helfer dabei ins Gesicht, wird er wie folgt bestätigt: Der Wurfarm wird im Bogen in Richtung der Nichtarmseite (bei Linkshelfern nach rechts, bei Rechtshelfern nach links) am Versteck knapp vorbei geworfen. Der Hund darf sich nun die Beute als Bestätigung holen und vom Platz tragen.

Wir steigern langsam die Verbellphase. Immer mal wieder wird aber schneller bestätigt, dadurch steigern wir die Intensivität des Verbellens. Zeigt sich der Hund sicher am Helfer ohne die Tendenz zum Belästigen (einbeißen oder stark berühren), kann sich der Teamführer langsam nach hinten entfernen, bis er die Revierposition erreicht hat. Jetzt kann der Helfer außer Sicht des Hundes im Versteck stehen und die Arbeit mit dem Revieren kann wie beschrieben verknüpft werden. Das führt uns zum nächsten Schritt: dem Abrufen aus dem Versteck.

ACHTUNG!

Denken Sie an die abwechselnden Verstecke und bestätigen Sie den Hund nicht im Versteck direkt am Helfer.

Das Abrufen

Nun macht sich unsere Arbeit im Gehorsam bezahlt. Wir haben unserem Hund beigebracht, dass er durch den Gehorsam (Umlenkung) sein Triebziel erreicht. Im Bereich Schutzdienst kann dies die Beute oder das Vertreiben (Verbellen) des Helfers sein.

Übung!

Wir schicken den Hund (Hörzeichen „Revier") zum Verbellen. Dann treten wir an unseren Hund heran, loben ihn und gehen wieder ein Stück zurück. Das machen wir ein paar Mal.

Nach dem Verbellen des Helfers (a) muss der Hund nach dem Hörzeichen wieder in die Fußposition zum Teamführer kommen (b).

Jetzt treten wir wieder an unseren Hund heran, bleiben neben ihm stehen und benutzen das Hörzeichen „Hier Fuß". Auch dies hat er schon gelernt. Unser Hund wird das Bellen einstellen oder eine Reaktion zu uns zeigen. Ist dies der Fall, setzen wir den Hund mit „Revier" wieder zum Verbellen ein. Er kann jetzt zusätzlich mit der Beute, die der Helfer aus dem Versteck wirft, bestätigt werden.

Wir steigern die Ruhephase in der Fußposition beim Teamführer, bevor wir den Hund wieder zum Verbellen am Helfer einsetzen. Klappt es – und das wird es sicher –, vergrößert der Teamführer den Abstand zum Helfer und der Hund muss in die Fußposition nach dem Hörzeichen „Hier Fuß" kommen. Dieser Prozess muss feinfühlig eintrainiert werden. Erwarten Sie nicht gleich zu viel!

Ist der Hund mit der Arbeit am Helfer überfordert, gehen wir einen Schritt zurück und zeigen dem Hund diesen Schritt mit der Beute, wie schon im Gehorsam erarbeitet, ohne Helfer.

Die Übung ist sicher gelernt, wenn der Hund sich abrufen lässt und schnell in die Grundstellung beim Teamführer kommt.

Zu dieser Übung gehört auch das Verbringen zur Ablage für die Übung „Verhinderung eines Fluchtversuches", die im nächsten Abschnitt behandelt wird.

Zurück zum Verbringen in die Ablage.

Übung!

Mit dem Hörzeichen „Helfer vortreten" tritt der Helfer aus dem Versteck hervor und begibt sich zum gekennzeichneten Punkt.

HINWEIS!

Der Startpunkt für den Helfer wird bei den Prüfungen gemäß der PO gekennzeichnet. Ebenso werden der Ablagebereich des Hundes und die Länge der Laufstrecke des Helfers markiert.

Unser Hund hat gelernt, mit dem Hörzeichen „Helfer" den Helfer zu beobachten, ohne seine Position zu ändern. Hat der Helfer den Startpunkt erreicht, gehen wir mit unserem Hund unter Verwendung des Hörzeichens „Fuß" (diese Übung kennt der Hund schon aus dem Bereich Gehorsam) zu dem markierten Ablagebereich. Dort wird der Hund aus der Grundstellung in die Platzposition gebracht. Diese Übung sollte man immer wieder mal abwandeln, und zwar entweder vom Platz oder zum Helfer gehen, ohne dass etwas geschieht. Das festigt den erlernten Gehorsam und der Hund wird nicht versuchen, die nächste Übung vorwegzunehmen bzw. die Ablage zu verändern. Dies bringt uns zum nächsten Abschnitt.

Verhinderung eines Fluchtversuches und Abwehr

AUSZUG AUS DER IPO

Verhinderung eines Fluchtversuches des Helfers

a) Je ein Hörzeichen für „Fußgehen", „Ablegen", „Voran oder Stell", „Ablassen"

b) Ausführung: Auf Anweisung des LR fordert der HF den Helfer auf, aus dem Versteck herauszutreten. Der Helfer begibt sich in normaler Gangart zu dem markierten Ausgangspunkt für den Fluchtversuch. Auf Anweisung des LR begibt sich der HF mit seinem freifolgenden Hund zu der markierten Ablageposition für den Fluchtversuch. Der Hund hat sich in der Freifolge freudig, aufmerksam und konzentriert zu zeigen und die Übung in Position am Knie des Hundeführers gerade und schnell auszuführen. Vor dem Hörzeichen „Platz" hat der Hund in gerader, ruhiger und aufmerksamer Grundstellung zu sitzen. Das Hörzeichen „Platz" hat er direkt und schnell anzunehmen und sich in der Ablageposition ruhig, sicher und aufmerksam zum Helfer zu verhalten.

Die Distanz zwischen Helfer und Hund beträgt 5 Schritte. Der HF lässt seinen bewachenden Hund in Platzposition zurück und begibt sich zum Versteck. Er hat Sichtkontakt zu seinem Hund, dem HL und dem LR. Auf Anweisung des LR unternimmt der Helfer einen Fluchtversuch. Auf ein gleichzeitig einmaliges Hörzeichen „Voran oder Stell" des HF startet der Hund die Verhinderung des Fluchtversuches des HL. Der Hund muss ohne zu zögern den Fluchtversuch mit hoher Dominanz und durch energisches und kräftiges Zufassen wirkungsvoll vereiteln. Er darf dabei nur am Schutzarm des HL angreifen. Auf Anweisung des LR steht der Helfer still. Nach dem Einstellen des Helfers muss der Hund nach einer Übergangsphase ablassen. Der HF kann ein HZ für „Ablassen" in angemessener Zeit selbständig geben.

Lässt der Hund nach dem ersten erlaubten HZ nicht ab, so erhält der HF die Richteranweisung für bis zu zwei weiteren HZ für „Ablassen". Lässt der Hund nach dem dritten HZ (einem erlaubten und zwei zusätzlichen) nicht ab, erfolgt Disqualifikation. Während des HZ „Ablassen" muss der HF ruhig stehen, ohne auf den Hund einzuwirken. Nach dem Ablassen muss der Hund dicht am Helfer bleiben und diesen aufmerksam bewachen.

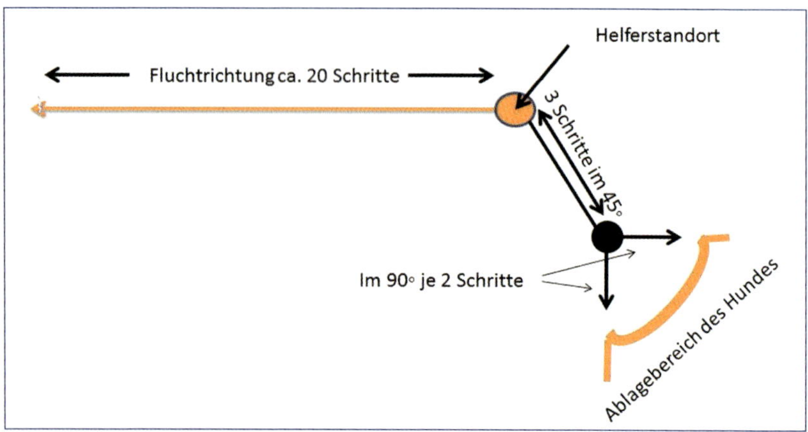

Schematische Darstelllung von Ablagebereich und Fluchtrichtung bei der Übung „Verhinderung eines Fluchtversuches" nach IPO-1 bis IPO-3.

Bei dieser Übung werden vom Hund eine schnelle Reaktion, ein gezielt gesetzter Griff sowie der Körpereinsatz zum Verhindern des Fluchtversuches erwartet.

Hierzu sind einige Übungen erforderlich, um den gewünschten Erfolg zu erzielen. Dafür benötigen wir eine Auftragsperson mit einer 10-Meter-Leine.

Übung!

Der Hund ist wie immer bei den Übungen im Schutzdienst mit einem Hetzgeschirr ausgestattet.

Der Hund ist in der Platzposition bei der Markierung, rechts oder links je nach Arbeitsweise des Helfers, abgelegt.

Bei der Ablage des Hundes wird die Leine gespannt.

Die Auftragsperson spannt die Leine (siehe Bild), sodass sich der Hund leicht dagegen stemmt. Der Helfer ist auf seiner Markierung und unternimmt nun einen Fluchtversuch. Laut PO muss der Teamführer hier das Hörzeichen „Stell" oder „Voran" geben. Die Leine wird so im Abstand gehalten, dass der Hund knapp hinter dem Helfer vorbeiläuft, ohne zum Einbiss zu kommen.

Diese Übung wiederholen wir zweimal und geben dann dem Hund die Möglichkeit zum Einbeißen. Wir wechseln immer wieder zwischen hinten vorbeilaufen und einbeißen lassen ab. Wir wollen damit den vollen Einbiss in der Mitte des Beißarmes erreichen und verhindern, dass der Hund bei einem schnellen Helfer hinten spitz in den Beißarm oder gar nicht zum Anbiss kommt.

Der Einbiss sollte in die Mitte des Arms erfolgen.

Hat der Hund fest eingebissen, spannt die Auftragsperson die Leine. Das verstärkt den Griff des Hundes. Zusätzlich zeigt der Helfer anfangs und dann immer wieder zwischendurch Schwäche, das heißt, er geht nur noch langsam in die Fluchtrichtung und tut sich sichtlich schwer, den Hund zu bewegen. Ab und zu kann sich der Helfer bei gutem Verhalten des Hundes oder zur Stärkung des Hundes den Beißarm abziehen lassen. Diesen darf der Hund dann stolz vom Platz tragen. Wir üben wieder bis zum gewünschten Erfolg, also das Verhalten, wie es am Anfang des Kapitels beschrieben ist.

Zu dieser Übung gehört laut PO noch Abwehr eines Angriffs aus der Bewachungsphase. Dies bedeutet: Nach dem „Aus“ und einer Bewachungsphase von etwa 5 Sekunden unternimmt der Helfer einen Angriff auf den Hund. Ähnliches haben wir schon bei der Beutearbeit erarbeitet.

Die Übung teilt sich auf in die Ausphase, die Einbiss- und die Belastungsphase, wieder gefolgt von der Aus- und Bewachungsphase. Hört sich kompliziert an, ist es aber nicht.

Beginnen wir mit dem Ende des Fluchtversuches.

Der Helfer stellt die Flucht ein und bleibt stehen. Unser Hund hat gelernt, wie er sich gegenüber dem stehenden Helfer verhalten muss. Hierzu geben wir das Hörzeichen „Aus“. Das haben wir bereits in der Erziehung und in der Beutearbeit behandelt.

Hat der Hund abgelassen und verbellt den Helfer, kann dieser entweder den Hund bestätigen, das heißt, Beute wird geworfen wie im Versteck bei der Übung „Stellen und Verbellen“ gelernt, oder der Hund darf einbeißen.

Dies kennt der Hund aus dem Kapitel „Zusammenführung“.

Der Hund wird unter der gespannten Leine, welche die Hilfsperson hält, vom Teamführer weg bedrängt und dann wieder zum Teamführer zurück bedrängt. Der Teamführer nimmt unter Lob seinen Hund in Empfang.

Ist der Hund sicher, arbeiten wir der PO entsprechend die Übung „Fluchtversuch und Abwehr eines Angriffs“ mit den Bewachungsphasen ein. Laut PO wird der Hund nicht zum Teamführer, sondern weg davon gearbeitet.

Danach stellt der Helfer die Abwehrhandlung ein. Der Hund bekommt das Hörzeichen „Aus“ vom Teamführer und muss den Helfer so lange bewachen, bis der Teamführer neben seinem Hund in der Grundstellung steht. Hier haben wir die Möglichkeit, mit unterschiedlicher Betonung des Hörzeichens „Aus“ dem Hund den nächsten Schritt näher zu bringen. Zunächst ein leises bzw. weiches „Aus“, dann folgt der Überfall, dann ein lauteres oder härteres „Aus“ und es folgt die Bewachung, bis der Teamführer bei seinem Hund ist.

Die Verknüpfung wird vom Hund sehr schnell umgesetzt. Das bringt uns zum nächsten Schritt.

Die Transporte

AUSZUG AUS DER IPO

Rückentransport

a) Ein Hörzeichen für „Fußgehen“

b) Ausführung: Anschließend an die vorherigen Übung (nur bei IPO-2 und IPO-3) erfolgt ein Rückentransport des Helfers über eine Distanz von etwa 30 Schritten. Den Verlauf des Transportes bestimmt der LR. Der HF fordert den Helfer auf voranzugehen und geht mit seinem freifolgenden und den Helfer aufmerksam beobachtenden Hund frei bei Fuß in einem Abstand von 5 Schritten hinter dem Helfer nach. Der Abstand von 5 Schritten muss während des gesamten Rückentransportes eingehalten werden.

In diesem Bereich unterscheiden wir zwischen dem Rücken- und dem Seitentransport. Wir beginnen mit dem Rückentransport, dieser folgt der vorher beschriebenen Übung.

Wir arbeiten nicht gleich mit dem Helfer. Diesen Teil können wir auch im Bereich „Gehorsam im Schutzdienst“ wie folgt einbauen.

Übung!

Die Beute wird im Abstand von etwa 5 Metern vor Teamführer und Hund aufgebaut. Der Hund befindet sich in der Grundstellung an der linken Seite des Teamführers. Die 1-Meter-Leine wird vom Teamführer am Halsband befestigt und mit der rechten Hand hinter dem Teamführer auf Kniehöhe straff gespannt gehalten. Wir achten darauf, dass unser Hund stets neben unserem linken Fuß auf Kniehöhe ist. Unser linker Fuß ist nach hinten gestellt. Unser Hund wird immer nur in dieser Position, auch später beim Gehen zur Beute oder beim Folgen des Helfers, freigegeben. So vermeiden wir ein Vorprellen.

Wir geben das Hörzeichen „Helfer“. Augenblicklich wird unser Hund in Richtung Beute schauen. Danach wird er freigegeben und darf die Beute tragen.

Im nächsten Schritt bewegen wir unseren linken Fuß mal nach vorne und mal nach hinten, allerdings noch ohne zu gehen. Diese Arbeit kennt der Hund ähnlich aus der Teamarbeit. Hier soll der Hund die korrekte Position beim Rückentransport verknüpfen. Bei Erfolg wird der Hund wieder freigegeben.

Es folgt das Gehen zur Beute. Wir gehen sehr langsam, halten ab und zu an oder bewegen den linken Fuß nach vorne und hinten wie im Stand. Wie vorher

Der Rückentransport wird erst nur mit der Beute geübt. Von der Grundstellung aus (a) geht es los, wobei der Teamführer die Leine hinter sich auf Spannung hält (b).

schon erwähnt, wird der Hund nur freigegeben, wenn unser linker Fuß nach hinten gestellt ist.

Der Helfer kommt erst zum Einsatz, wenn die eben beschriebene Übung perfekt ausgeführt wird. Kommt der Helfer zum Einsatz, üben wir einmal mit Herangehen zum Helfer und wieder Entfernen und Überfall auf den Hund, immer abwechselnd.

Unser Hund soll keine Übung vorwegnehmen. Wir können dies nur vermeiden, wenn wir immer unterschiedlich üben. Gleichzeitig wird auch noch die Konzentration des Hundes gefördert. Den Überfall kennt unser Hund aus der Beutearbeit in Verbindung mit der Übung „Fluchtversuch mit Abwehr“.

Nach dem Überfall soll der Hund aufmerksam bewachen. Dies kann entweder durch aktives Verbellen oder aufmerksames Bewachen erfolgen. Beides wird gleich bewertet. Ich bevorzuge das Verbellen.

Diese Übung hat unser Hund bereits gelernt. Zusätzlich bringen wir dem Hund bei, immer nachzurücken, wenn der Helfer sich nach hinten bewegt. Dadurch hat der Hund immer die optimale Stellung und den richtigen Abstand zum Helfer. Diese Übung wird ab und zu, wie beim Verbellen gelernt, mit der Beute bestätigt. Bitte nicht direkt beim Helfer bestätigen, sondern die Beute wegwerfen, um falsche Verhaltensweisen zu vermeiden.

Die Bewachungsphase.

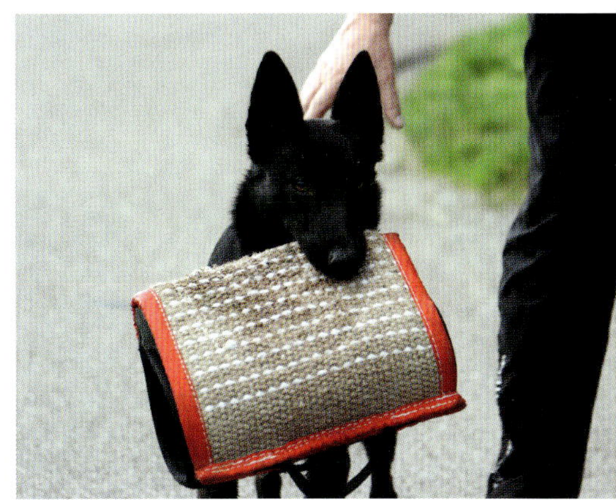

Der Hund wird mit der Beute bestätigt.

AUSZUG AUS DER IPO

Seitentransport
Es folgt ein Seitentransport des Helfers zum LR über eine Distanz von etwa 20 Schritten. Ein HZ für „Fußgehen" ist erlaubt. Der Hund hat an der rechten Seite des Helfers zu gehen, sodass sich der Hund zwischen dem Helfer und dem HF befindet. Der Hund muss während des Transportes den Helfer aufmerksam beobachten. Er darf dabei jedoch den Helfer nicht bedrängen, anspringen oder fassen. Vor dem LR hält die Gruppe an, der HF übergibt dem LR den Softstock und meldet Teil 1 der Abteilung C beendet oder am Ende der Abteilung erfolgt die Meldung „Schutzdienst beendet".

Den Seitentransport trainieren wir wie folgt:

Übung!
Der Hund ist in der Bewachungsphase. Wir haben die Grundposition neben dem Hund eingenommen. Mit dem Hörzeichen „Sitz" wird der Hund abgestellt, das heißt, das Verbellen wird eingestellt und der Hund verhält sich ruhig neben seinem Teamführer.

Wir lassen den Helfer zwei Schritte zurücktreten und um 180 Grad drehen. Der Helfer steht nun mit seinem Rücken zu uns. Danach gehen wir mit dem Hörzeichen „Fuß" bis auf gleiche Höhe mit dem Helfer auf seiner rechten Seite und lassen den Hund dort absitzen (Grundstellung einnehmen). Anfangs erfolgt das noch mit dem Hörzeichen „Sitz", dann muss der Hund lernen, sich selbstständig hinzusetzen (gemäß IPO). Wir nehmen dem Helfer den Softstock mit der rechten Hand ab. Diesen tragen wir auf unserer rechten Seite, entweder nach oben wie eine Kerze oder nach unten hängend.

HINWEIS!

Das Zurücktreten des Helfers wird in der PO nicht genau behandelt. Der Hund und der Teamführer müssen sich aber bewegen und dürfen nicht gleich die Position zum Seitentransport einnehmen.

Hat unser Hund diesen Teil sicher verstanden, erfolgt der eigentliche Seitentransport. Mit dem Hörzeichen „Helfer – Marsch" gehen wir mit Hund und Helfer etwa 20 Schritte bis zu einer beauftragten Person, die den Softstock in Empfang nimmt. Durch das Hörzeichen „Helfer" wird die Aufmerksamkeit des Hundes auf den Helfer, wie gelernt, gelenkt. Durch das Hörzeichen „Marsch“ wird dem Hund vermittelt, zwischen Helfer und Teamführer loszugehen und zu folgen.

Haben wir den Softstock abgegeben, gehen wir unter Angabe des Hörzeichens „Fuß“ entweder vom Platz oder laut PO in die sogenannte Lauerstellung. Das bringt uns zum nächsten Teil.

Angriff auf den Hund aus der Bewegung

AUSZUG AUS DER IPO

Angriff auf den Hund aus der Bewegung

a) Je ein Hörzeichen für „Absitzen“, „Abwehren“, „Ablassen“

b) Ausführung: Der HF wird mit seinem Hund zu einer markierten Stelle auf der Mittellinie in der Höhe des ersten Versteckes eingewiesen. Die Freifolge hat der Hund aufmerksam zum Hundeführer freudig und konzentriert zu zeigen. Er geht dabei gerade in Position am Knie des Hundeführers. In Höhe des ersten Verstecks bleibt der Hundeführer stehen und dreht sich um. Mit Hörzeichen „Sitz“ wird der Hund in die Grundstellung gebracht. Der gerade, ruhig und aufmerksam zum Helfer sitzende Hund kann in der Grundstellung am Halsband gehalten werden, darf aber dabei vom HF nicht stimuliert werden. Auf Anweisung des LR tritt der mit einem Softstock versehene Helfer aus einem Versteck und geht im Laufschritt bis zur Mittellinie. Auf der Höhe der Mittellinie dreht sich der Helfer zum HF und greift, ohne seinen Laufschritt zu unterbrechen, den HF mit seinem Hund unter Abgabe von Vertreibungslauten und heftig drohenden Bewegungen frontal an. Sobald sich der Helfer dem HF und seinem Hund auf 50 bis 40 Schritte (bei IPO-1 40 bis 30 Schritte) genähert hat, gibt der HF auf Anweisung des LR seinen Hund mit dem HZ für „Abwehren“ frei. Der Hund muss den Angriff des Helfers ohne zu zögern auf einmaligen Hörzeichen „Voran oder Stell“ des Hundeführers mit hoher Dominanz und wirkungsvoll vereiteln. Er darf dabei nur am Schutzarm des HL angreifen. Der HF selbst darf seinen Standort nicht verlassen.
In der Belastungsphase muss er sich unbeeindruckt verhalten und während der gesamten Verteidigungsübung einen vollen energischen und vor allem beständigen Griff zeigen. Auf Anweisung des LR stellt der Helfer ein. Nach dem Einstellen des Helfers muss der Hund nach einer kurzen Übergangsphase ablassen. Der HF kann ein HZ für „Ablassen“ in angemessener Zeit selbstständig geben.

Hier muss der Hund aus einer größeren Entfernung (etwa 40 bis 50 Schritte) direkt auf den entgegenkommenden Helfer zulaufen, sicher und direkt einbeißen und sich bedrängen lassen.

Dieser Teil des Schutzdienstes ist spektakulär für den Zuschauer. Er erfordert vom Helfer eine schnelle Reaktion und geschmeidiges Abfangen. Ich will keinen Hehl daraus machen, dass hierbei ein Verletzungsrisiko für Hund und Helfer existiert, welches durch die richtigen Vorübungen und den überlegten Helfereinsatz zu vermeiden gilt.

Nur ein erfahrener Helfer, der gut trainiert und entsprechende Reflexe hat, sollte hier zum Einsatz kommen.

Der Angriff aus der Bewegung geht nur mit einem erfahrenen und gut trainierten Helfer.

Kommen wir zum Aufbau dieser Übung. Unser Hund hat gelernt, Beute und einen guten Griff zu machen. Nun muss er lernen, auf Distanz gezielt einzuspringen und festzuhalten (kennt er schon aus der Beutearbeit), auch wenn er den Bodenkontakt verliert.

Übung!

Dieser Aufbau wird immer am Geschirr und mit einer langen Leine durchgeführt. Der Helfer geht am Anfang auf einen Abstand von etwa 5 Metern, gibt Beutereize und hält den Arm hoch vor dem Körper, bleibt aber noch stehen.

Der Hund wird nun an der langen Leine (Hilfsperson) unter Widerstand (Leine gespannt, Hund muss mehr Kraft aufwenden, um vorwärts zu kommen) bis etwa 2 Meter vor den Helfer geführt und dann freigegeben. Es kann sein, dass er das erste Mal vorbei- oder unten durchspringt. Macht nichts! Unser Hund soll lernen, gezielt und kontrolliert einzubeißen. Er wird sich nach den ersten Fehlversuchen anstrengen, gleich den gewünschten Sprung zu machen. Der Helfer arbeitet bald mit unterschiedlicher Armhöhe und -stellung. Das Entgegenlaufen des Helfers wird mit unterschiedlichen Geschwindigkeiten eingeübt. Der Schwung des Hundes wird durch eine entsprechende Drehung des Helfers ausgeglichen. Somit wird dem Hund immer wieder ein neues Bild geboten, auf das er sich einstellen muss.

Bei dieser Übung muss der Hund Spannung und Kraft aufwenden.

Wirkt unser Hund nun sicher, variieren wir den Widerstand der Leine: früher freigeben, ganz frei schicken usw. Geht das in Fleisch und Blut über, vergrößern wir die Abstände zum Helfer. Anstelle der langen Leine kann auch ein noch längeres Bergsteigerseil verwendet werden.

Aber Vorsicht: Wir bremsen ab und zu den Hund mit dem Seil. Durch Reibung entsteht Hitze. Hier benötigen wir zum Schutz entsprechende Handschuhe (keine dünnen Arbeitshandschuhe), am besten Metzgerhandschuhe mit Metallbereich oder sehr dick gepolsterte, widerstandsfähige Handschuhe. Somit kann man Brandverletzungen an den Händen vermeiden.

Diese Übung sollte man nicht zu häufig auf lange Distanz trainieren. Denn hier treten beim Hund starke Belastungen im Halswirbelbereich und am ganzen Körper auf.

Das Bremsen und Freigeben des Seiles sollte durch eine erfahrene Person erfolgen. Beim Einarbeiten der langen Distanz empfiehlt sich, dass der Teamführer anfangs seitlich mit seinem Hund mitrennt und ihn damit unterstützt.

Die fertige Übung laut PO sieht folgendermaßen aus:

Der Hund und sein Teamführer stehen ruhig am Ende des Hundeplatzes oder des Feldes, auf dem der Schutzdienst stattfindet. Der Helfer steht im 6. Versteck. Auf Anweisung des Richters läuft er im mittleren Laufschritt (kein Sprint) gerade in Richtung Mittellinie, von dort aus im rechten Winkel Richtung Teamführer und Hund, auch in der gleichen Geschwindigkeit. Nach Freigabe durch den Leistungsrichter wird der Hund mit dem Hörzeichen „Stell oder Voran" (wie bei der Fluchtverhinderung) von seinem Teamführer geschickt.

Der ausgebildete Hund muss sicher und gezielt einbeißen.

Der Helfer gibt vor dem Einbiss Vertreibungslaute von sich, diese sollten den Hund aber nicht beeinflussen. Der Hund muss unbeeindruckt durch den Angriff gehen, ohne seine Geschwindigkeit auffallend zu verlangsamen, und sicher und gezielt einbeißen. Nachdem der Hund eingebissen hat, erfolgt eine Belastungsphase von etwa 20 Schritten durch den Helfer.

Bei der IPO-1 und IPO-2 ist der Schutzdienst hier nach Entwaffnung und Seitentransport beendet.

Bei der IPO-3 erfolgt nach dem Ablassen noch ein weiterer Überfall auf den Hund (Abwehr genannt). Diesen Überfall kennt der Hund aus der Übung „Verhinderung einer Flucht mit anschließendem Überfall". Der anschließende Seitentransport ist uns aus den trainierten Transporten bekannt.

AUSZUG AUS DER IPO

Abwehr eines Angriffes aus der Bewachungsphase

a) Je ein Hörzeichen für „Ablassen", „in Grundstellung gehen", „Fußgehen"

b) Ausführung: Nach einer Bewachungsphase von etwa 5 Sekunden unternimmt der Helfer auf Anweisung des LR einen Angriff auf den Hund. Ohne Einwirkung des HF muss sich der Hund durch energisches und kräftiges Zufassen verteidigen. Er darf dabei nur am Schutzarm des HL angreifen. Der Hund ist durch Schlagandrohung und bedrängt durch den Helfer zu belasten. In der Belastung ist insbesondere auf seine Aktivität und Stabilität zu achten. Es werden zwei Tests durch Stockbelastung durchgeführt. Es sind nur Stockbelastungen auf Schultern und den Bereich des Widerristes zugelassen. Auf Anweisung des LR steht der Helfer still. Nach dem Einstellen des Helfers muss der Hund nach einer kurzen Übergangsphase ablassen. Der HF kann ein HZ für „Ablassen" in angemessener Zeit selbstständig geben. Lässt der Hund nach dem ersten erlaubten HZ nicht ab, so erhält der HF die Richteranweisung für bis zu zwei weiteren HZ für „Ablassen". Wenn der Hund nach diesen HZ (einem erlaubten und zwei zusätzlichen) nicht ablässt, erfolgt Disqualifikation. Während des HZ „Ablassen" muss der HF ruhig stehen, ohne auf den Hund einzuwirken. Nach dem Ablassen muss der Hund dicht am Helfer bleiben und diesen aufmerksam bewachen. Auf Richteranweisung geht der HF in normaler Gangart auf direktem Weg zu seinem Hund und nimmt ihn mit dem HZ „in Grundstellung gehen" in die Grundstellung. Der Softstock wird dem Helfer abgenommen.
Es folgt ein Seitentransport des Helfers zum LR über eine Distanz von etwa 20 Schritten. Ein HZ für „Fußgehen" ist erlaubt. Der Hund hat an der rechten

Seite des Helfers zu gehen, sodass sich der Hund zwischen dem Helfer und dem HF befindet. Der Hund muss während des Transportes den Helfer aufmerksam beobachten. Er darf dabei jedoch den Helfer nicht bedrängen, anspringen oder fassen. Vor dem LR hält die Gruppe an, der HF übergibt dem LR den Softstock und meldet die Abteilung C beendet. Den HF geht mit seinem abgeleinten Hund auf Anweisung der LR zum Besprechungsplatz, worauf der Helfer auf Anweisung der LR den Platz verlässt. Vor Beginn der Bewertungsbekanntgabe und auf Anweisung des LR wird der Hund angeleint.

Somit hätten wir diesen Bereich des Gebrauchshundesports ausführlich und abschließend behandelt.

Der Schutzdiensthelfer

Im Gegensatz zur früheren Selektion des Schutzdiensthelfers, wobei nicht auf die Qualität geachtet, sondern der Erstbeste genommen wurde, hat sich zum Glück sehr viel geändert.

Die wichtigsten Anforderungen an den Schutzdiensthelfer sind:

- Praktische Erfahrung in der Ausbildung zum Schutzdienst
- Körperliche Ausdauer und Beweglichkeit
- Routine im praktischen Aufbau von Junghunden
- Genaue Kenntnisse der hundlichen Anlagen und deren Förderung
- Fähigkeit, den Hundeführer richtig anzuleiten

Diese Anforderungen kann nur der Helfer erfüllen, der sich immer mit dem Aufbau von Schutzhunden beschäftigt und sich praktisch und theoretisch weiterbildet.

Das richtige und rasche Eingehen und Reagieren auf jeden einzelnen Hund setzt eine Begabung voraus, die nur bedingt geschult werden kann.

Bei der Prüfung hat der Helfer die Aufgabe, mit jedem Hund fair zu arbeiten, um korrekte Ergebnisse zu ermöglichen. Dabei ist er die rechte Hand des Leistungsrichters. Mit einem sportlich einwandfreien Verhalten sorgt er für seinen guten Ruf.

Dies ist ein Auszug aus dem Ausbilderleitfaden des dhv (Deutscher Hundesport Verband), welcher von mir selbst erarbeitet wurde.

Fehler erkennen und beheben

Es kommt immer wieder einmal vor, dass trotz bester Ausbildung die eine oder andere Übung nicht ganz den Ansprüchen des Teamführers entspricht. Meistens sind es nur Kleinigkeiten im Übungsaufbau, die nicht beachtet oder unabsichtlich eingearbeitet worden sind. Ich möchte an dieser Stelle auf ein paar Möglichkeiten der Behebung solcher Fehler eingehen.

Dieses Thema ist allerdings so vielseitig, dass nicht auf alle Fehler eingegangen werden kann. Unabhängig vom Übungsaufbau im Buch soll dieses Kapitel eine Übungshilfe darstellen.

Fehler bei der Fährtenarbeit

Fehler:
Der Hund ist am Ansatz zu flüchtig.

Beheben:

- Zurück zum Arbeiten am Geruchsfeld und auch zwischendurch immer mal wieder ein Geruchsfeld ausarbeiten lassen.
- Den Ansatz interessanter gestalten. Den Ansatz als Quadrat, Kreis oder Dreieck (ca. 50 auf 50 cm) legen und mit Futter bestücken, somit beschäftigt sich der Hund mit dieser Stelle intensiver und findet genügend Motivation, um nicht gleich in den Fährtenverlauf zu gehen. Sie können auch Leckerchen leicht vergraben, um den Aufenthalt am Ansatz zu verlängern.
- Nicht immer an der gleichen Stelle aus dem Ansatz herausgehen, sondern auch mal seitlich oder im Bogen die Fährte hinauslegen.
- Sternansatz ohne Fährtenstraße: Es wird ein Ansatz mit Futter wie ein Stern getreten, ohne dass eine Fährte davon abgeht.

Fehler:
Der Hund arbeitet im Fährtenverlauf teilweise oberflächlich oder zu schnell.
Der Grund dafür könnte sein, dass das Futter zu schnell abgebaut wurde.

Beheben:

- Wieder mehr Futter auf der Fährte einbauen und die futterfreien Zonen kürzer als die Futterzonen gestalten.
- Das Futter etwas eindrücken, damit der Hund sich mehr bemühen muss, um an das Futter zu gelangen.

- Die Futterzonen genau merken bzw. auf einen Plan nach dem Legen der Fährte skizzieren und dann darauf achten, dass der Hund nicht flüchtig über diese Zonen hinweg sucht. Im Bedarfsfall stehen bleiben und warten, bis der Hund sich bemüht, das Futter aufzunehmen. Das kann manchmal etwas dauern, lohnt sich aber in jedem Fall.

Eventuell wurde die Fährte zu schematisch gelegt: Menschen neigen unbeabsichtigt dazu, in für den Hund nachvollziehbare Schemen zu verfallen.

Beispiel: Wir gehen fünf Schritte und legen Futter, gehen fünf Schritte und legen wieder Futter usw. Unser Hund wird dieses Schema sehr schnell durchschauen und fünf Schritte oberflächlich arbeiten, dann intensiv nach Futter suchen, wieder oberflächlich fünf Schritte arbeiten, dann wieder intensiv suchen usw. Einfach das Schema ändern und die Schrittfolgen mit Futter unterschiedlich gestalten.

Fehler:
Nach dem Winkel arbeitet der Hund oberflächlich.
Ein Grund könnte sein, dass nach dem Winkel immer ein langer gerader Schenkel ohne Bestätigung (Futter) folgte.

Beheben:
- Die Futtermenge im und nach dem Winkelbereich erhöhen und keine langen Geraden danach legen.

Die Futterdöschen werden in verschiedenen Varianten angeboten.

- Zusätzlich kann nach dem Winkel mit eingegrabenen Futterdöschen (Filmdöschen, Futterdöschen oder Döschen aus dem Haushaltswarenbereich mit kleinen Löchern im Deckel und tollem Futter bestückt auf dem Fährtenverlauf eingraben) gearbeitet werden. Die Löcher im Boden können mit einem Erdbohrer oder Unkrautstecher ausgehoben werden. Diese können auch nach Schwierigkeiten auf der Fährte eingearbeitet werden. Es empfiehlt sich, die Döschen dem Hund im Vorfeld bekannt zu machen.

Mit so einem Erdbohrer kann man die Löcher für die Futterdöschen ausstechen.

Fehler:
Gegenstand wird überlaufen.
Der Grund könnte zum einen sein, dass der Hund die Fährte sehr intensiv ausarbeitet und der Gegenstand darin stört oder der Hund noch nicht richtig Verweisen gelernt hat.

Beheben:
- In beiden Fällen sollte man den Gegenstand interessant machen.
- Beim Verweisen ein besonderes Futter verwenden oder das Verweisen nochmals separat trainieren und dann wieder einbauen.

Fehler bei der Teamarbeit (Gehorsam)

Fehler:
Beim „Fußlaufen“ arbeitet der Hund teilweise unkonzentriert.
Gründe könnten sein, dass die Hilfen mit Futter oder Motivationsgegenstand zu schnell abgebaut wurden oder dass die Arbeit zu schematisch ohne Höhepunkte für den Hund ist.

Beheben:
- Die Fußarbeit interessanter gestalten, mit mehr Motivation, höherer Bestätigungsrate und abwechslungsreicherem Laufschema.

- Bewusst Ablenkungen einbauen, dabei dem Hund zeigen, dass wir interessanter als die Ablenkung sind. Hier empfehlen sich Spieleinlagen gemeinsam mit dem Hund (z. B. Zerrspiele).

Fehler:
Die Sitz- und Platzübungen werden langsam ausgeführt.
Gründe könnten zu schneller Abbau der Hilfen, zu große Ausbildungsschritte oder Bestätigungen, obwohl die Übung langsam ausgeführt wurde, sein.

Beheben:
- Ein paar Schritte zurückgehen, das heißt wieder mit Hilfen arbeiten und dann nur die schnelle Ausführung bestätigen.
- Ab und zu einen Jackpot (besondere Belohnung) bei gewünschter Ausführung bieten. So bleiben auch wir interessant und der Hund wird sich auf uns konzentrieren.

Fehler:
Der Hund geht bei der Stehübung nach.
Gründe könnten die permanente Bestätigung von vorne, die Bestätigung auch bei nicht korrekter Ausführung oder ein ständiges Abrufen sein.

Beheben:
- Den Hund nach hinten bestätigen, indem man die Bestätigung nach Ausführung über den Hund nach hinten wirft.
- Oder die Bestätigung hinter den Hund legen und darauf achten, dass der Hund trotzdem nach vorne zu uns schaut und auf unsere Freigabe wartet.
- Oder wieder zum Hund zurückgehen und bei uns, in der gewünschten Position, bestätigen.

Fehler beim Apportieren

Fehler:
Der Hund nimmt das Holz nicht direkt oder schnell auf.

Beheben:
- In diesem Fall dem Hund das Holz streitig machen, das heißt, ein Konkurrent (Auftragsperson) versucht dem Hund vor der Aufnahme das Holz wegzunehmen – natürlich nicht wirklich, sondern nur als Versuch.

Fehler:
Der Hund kommt langsamer zurück.

Beheben:

- Mit Motivationsgegenstand nur den Rückweg trainieren. In diesem Fall darf der Hund nach einem Auflösungswort oder Click das Holz fallen lassen, um an den MG zu kommen.
- Die Distanz etwas größer gestalten.

Fehler:
Holz wird vor Abgabe nicht ruhig gehalten.
Gründe könnten sein, dass wir für den Hund zu dominant wirken oder der Hund das Holz nicht abgeben möchte.

Beheben:

- Vor den Hund stellen in einem Abstand etwas größer als gewünscht.
- Dem Hund das Holz zum Halten übergeben und mit Motivationsgegenstand oder tollem Futter das ruhige Halten bestätigen. Anfangs kann es sein, dass der Hund das Holz sofort ausspuckt oder weglaufen möchte. Das Weglaufen verhindern wir mit Leitwirkungen.

Für die Situation des Ausspuckens benötigen wir sehr viel Geduld; diese Ausdauer unsererseits wird sich auszahlen und das Vertrauen zum Hund verbessern. Hierfür ganz kleine Schritte bestätigen, das heißt schon kurzes Halten sofort bestätigen und erst langsam das längere Halten erwarten.

Diese Übung sollten wir zwei- bis dreimal am Tag, am besten zu Hause ohne Ablenkung, durchführen. Haben wir dies zu Hause erreicht, können wir die Übung draußen oder auf dem Hundeplatz einarbeiten. Zusätzlicher Vorteil ist: Der Hund lernt gleichzeitig auch den geraden Vorsitz.

Fehler:
Beim Voraus sucht der Hund den Motivationsgegenstand und führt das Platz nicht sofort aus.

Beheben:

- Hier ist der Abstand zum Voraus zu groß. Den Abstand etwas verkürzen, damit der Hund gleich die Bestätigung hat, ohne zu suchen.

- Das Platz wurde immer am MG (oder Loch) durchgeführt. Der Hund muss lernen, bei „Platz“ sofort in die Position zu gehen und nicht weiterzulaufen, das heißt, wenn „Platz“, dann die Bestätigung bei uns, wenn kein Hörzeichen „Platz“, Durchlaufen bis zum MG. Erst wenn dies funktioniert, den Abstand vergrößern.
- Wenn das Hörzeichen „Platz“ gegeben wird, darf der Hund nicht bis zum Loch durchlaufen.

Fehler beim Schutzdienst

Gehorsam im Schutzdienst

Fehler:
Der Hund führt die Übungen Revieren, Fußlaufen, Abrufen und Transporte nicht wie gewünscht aus.
Der Grund könnte das zu frühe Einbauen des Helfers sein.

Beheben:
- Wieder ein paar Schritte zurückgehen, das heißt, die entsprechende Übung, wie am Anfang im Kapitel Schutzdienst beschrieben, durchführen.
- Mit Ablenkungen arbeiten, indem z. B. ein anderer Teamführer mit seinem Hund spielt oder ein Apportierholz wirft. Hier sind der Fantasie keine Grenzen gesetzt.
- Den Helfer erst wieder einbauen, wenn die Übung trotz der Ablenkungen korrekt durchgeführt wird. Hier ist Geduld und Durchhaltevermögen gefragt.

Stellen und Verbellen

Fehler:
Der Hund verbellt vor dem Helfer seitlich oder mit zu großem Abstand.
Grund könnte eine häufige Bestätigung im falschen Moment sein.

Beheben:
- Wir arbeiten mit einer Box (siehe Abbildungen). Diese wird gerade vor dem Hund und in dem Abstand platziert, den wir für den Hund vorgesehen haben. Dann bringen wir dem Hund behutsam bei, die gewünschte Position – erst ohne, dann mit Helfer – einzunehmen.
- Wenn der Hund die Box akzeptiert hat, können wir den Helfer einbauen.
- Wenn wir mit der Box arbeiten, kann die Bestätigung ab und zu auch am Helfer stattfinden.

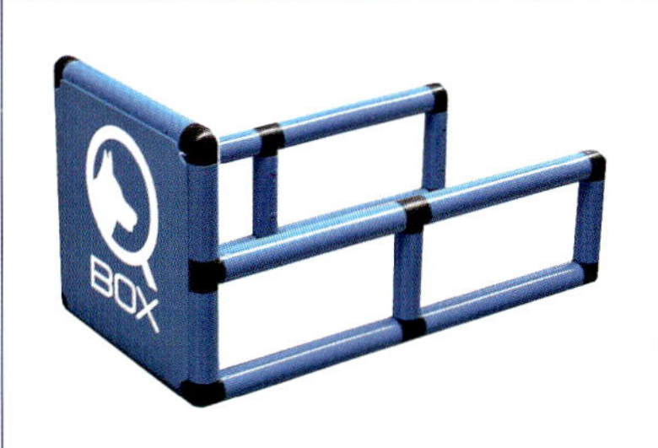

Dies sind zwei Variante der Box, wie man sie zum Trainieren des „Stellen und Verbellen“ verwenden kann.

Der vorstehend aufgeführte Trainings- und Übungsaufbau ist nur eine von vielen Möglichkeiten. Nach meinen Erfahrungen kommen viele Trainer, Teamführer und Hunde damit klar. In bestimmten Fällen oder bei der Problembehebung kann es jedoch sein, dass die Übungsanleitungen nicht passen. Dann müssen sich Trainer und Teamführer gemeinsam Gedanken machen, welche alternativen Methoden infrage kommen würden und sinnvoll sind. Alle Möglichkeiten darzustellen, würde den Rahmen dieser Abhandlung sprengen.

So sieht das Üben mithilfe der Box in der Praxis aus.

Anhang

Trainingstagebuch

Ein Trainingstagebuch ist für den Teamführer ein wichtiger Bestandteil der Ausbildung. Hier können Sie Trainingspläne, ausführliche Notizen, Fortschritte, eine Signalliste (Kommandos), eine Belohnungsliste usw. dokumentieren.

Notieren Sie sich Ihre gemeinsamen Erfolge in ein Trainingstagebuch. Es ist eine wahre Erleichterung im Hundetraining. Sie haben stets den Überblick, an welchen Orten und unter welchen Ablenkungen Sie bereits mit Erfolg trainiert haben.

Das Tagebuch können Sie leicht einstecken und zum Training mitnehmen. Die Notizen sind schnell gemacht. Ein durchdachtes Training spart Zeit, denn Sie erreichen Ihre Ziele viel schneller. Egal ob Fährte, Teamarbeit oder Schutzdienst. Sie haben Ihre Fortschritte und den augenblicklichen Übungsstand stets im Blick.

Sie können die Übungen separat, also Fährte, Teamarbeit und Schutzdienst auf unterschiedlichen Blättern festhalten, das erleichtert den Überblick in den einzelnen Bereichen. Ein Beispiel ist auf der nächsten Seite aufgeführt. Sie können es individuell für sich gestalten oder ein Trainingstagebuch im Handel käuflich erwerben.

Trainingstagebuch

Datum	Übung/Besonderheiten	Fortschritt/Stand	Nächster Schritt

Gebräuchliche Abkürzungen im Buch

FCI = Fédération Cynologique Internationale
PO = Prüfungsordnung
IPO-1 = Internationale Prüfung für Gebrauchshunde Stufe 1
IPO-2 = Internationale Prüfung für Gebrauchshunde Stufe 2
IPO-3 = Internationale Prüfung für Gebrauchshunde Stufe 3
IPO-ZTP = Internationale Prüfung für Gebrauchshunde Zuchttauglichkeitsprüfung
IPO-VO = Internationale Prüfung für Gebrauchshunde Vorstufe
FH1 = Fährtenhundeprüfung Stufe 1
FH2 = Fährtenhundeprüfung Stufe 2
IPO-FH = Internationale Fährtenhundeprüfung

Abteilung A = Fährtenarbeit aus der PO
Abteilung B = Unterordnung aus der PO
Abteilung C = Schutzdienst aus der PO

HZ = Hörzeichen
HF = Hundeführer
TF = Teamführer
HL = Helfer (Schutzdiensthelfer)
LR = Leistungsrichter
GF = Geruchsfeld
MG = Motivationsgegenstand

Apportel = Apportiergegenstand (Holz, Plastik, Metall)
dhv = Deutscher Hundesportverband
swhv = Südwestdeutscher Hundesportverband

Nachwort

Lieber Leser!

Ich hoffe, mit diesem Buch zur Bereicherung der Kenntnisse und zum verbesserten Umgang mit Ihrem Hund beitragen zu können. In der Ausbildung gibt es viele weitere Wege, um an das Ziel zu kommen. Alle aufzuführen würde den Umfang des Buches sprengen und Sie nur verwirren. Ich habe eine einfache und gut umsetzbare Form gewählt.

Um an das angestrebte Ziel zu kommen, sind Ehrgeiz und Fleiß unvermeidbar. Gehen Sie in der Ausbildung kleine, für den Hund verständliche Schritte und versuchen Sie nicht gleich, das fertige Bild zu vermitteln.

Seien Sie stets variabel in der Ausbildung, um keinen Automaten zu formen. So wird es Ihnen und Ihrem Hund immer wieder Spaß machen, miteinander zu arbeiten. Lassen Sie sich nicht dazu zwingen, einen kurzfristigen Prüfungstermin anzunehmen. Sie würden wichtige Details der Ausbildung außer Acht lassen sowie vermeidbare Fehler einarbeiten.

Ein gutes Team wird erkennen (und in einem solchen sollten Sie arbeiten), wann Sie so weit sind.

Ich möchte mich an dieser Stelle bei all denen bedanken, die mich bei der Gestaltung des Buches unterstützt haben.

Zuerst möchte ich Frau Dr. Lehari erwähnen. Sie hat mir ermöglicht, meine Erfahrungen in Wort und Bild umzusetzen.

Die Firma Sporthund hat mir sämtliche Fotos der Ausbildungsmaterialien kostenlos zur Verfügung gestellt.

Die Bilder zu den einzelnen Sequenzen verdanke ich meiner Frau Silla Jadatz, dem VdH Eningen, stellvertretend dafür Ute Weinmann (Vorsitzende swhv), und dem Boxerclub Heilbronn.

Des Weiteren möchte ich mich bei allen Teamführern bedanken, die sich und ihren Hund freiwillig und kostenlos bei der Erstellung der Fotos zur Verfügung gestellt haben.

Nützliche Adressen

Die Prüfungsordnung ist im swhv-Shop erhältlich.
www.mein-swhv.de/de/swhv-drucksachen.html

Verband für das Deutsche Hundewesen
www.vdh.de

Deutscher Hundesport Verband
www.dhv-hundesport.de

Südwestdeutscher Hundesportverband
www.swhv.de

Bayerischer Landesverband für Hundesport
www.blv-hundesport.de

Deutscher Sporthund Verband
www.dsv-dog.de

Hundesportverband Rhein-Main
www.hsvrm.de

Schutz- und Gebrauchshunde Sportverband
www.sgsv-hundesport.de

Deutscher Verband der Gebrauchshundesportvereine
www.dvg-hundesport.de

Rassezuchtverbände, die dem VDH angeschlossen sind

Klub für Terrier
www.airedale-kft.de

Allgemeiner Deutscher Rottweiler Klub
www.adrk.de

Boxer Klub München
www.bk-muenchen.de

Internationaler Boxerclub Hamburg
www.ibc-boxerclub.de

Dobermann Verein
www.dobermann.de

Pinscher-Schnauzer-Klub
www.psk-pinscher-schnauzer.de

Deutscher Malinois Club
www.mechelaar.de

Deutscher Klub für Belgische Schäferhunde
www.dkbs.de

Belgische Schäferhunde Deutschland
www.bsd-ev.com

Verein für Deutsche Schäferhunde
www.schaeferhunde.de

Schäferhundverein RSV2000
www.rsv2000.de

Deutscher Bouvier Club
www.deutscherbouvierclub.de

Rassezuchtverein für Hovawarthunde
www.hovawart.org

Hovawart Zuchtgemeinschaft Deutschland
www.hovawarte.com

Hovawart-Club
www.hovawart-club.de

Zum Weiterlesen

- Boulanger, Robert und Trautmann Zenoni, Gabriella: **Mantrailing** – Teamarbeit mit Nase und Verstand. Oertel+Spörer, Reutlingen 2013.
- Fallscheer, Ute: **Der Weg zum guten Hundeführer.** Oertel+Spörer, Reutlingen 2018.
- Gelhaus, Nadine: **Futterfibel**. Hunde gesund ernähren. Oertel+Spörer, Reutlingen 2013.
- Göbel, Michaela: **Taube Hunde**. Umgang – Erziehung – Ausbildung. 2. Auflage, Oertel+Spörer, Reutlingen 2021.
- Hartmann, Michael: **Patient Hund**. 2. Auflage, Oertel+Spörer, Reutlingen 2010.
- Howald, Erika: **Wenn Hunde das Sagen hätten … würden sie Menschen anleinen**. Oertel+Spörer, Reutlingen 2017.
- Hoyer, Milan und Jadatz, Klaus: **Fährtenarbeit**. Fährten lernen ohne Stress und ohne Zwang. 2. Auflage, Oertel+Spörer, Reutlingen 2018.
- Jansen, Karin: **Rassespezifisches Territorialverhalten bei Hunden** – Richtiges Verständnis und Erziehung. Oertel+Spörer, Reutlingen 2013.
- Jansen, Karin: **Rassespezifisches Jagdverhalten bei Hunden** – Verständnis, Beschäftigung, Jagdkontrolle. 2. Auflage, Oertel+Spörer, Reutlingen 2018.
- Kien, Sandy: **Holländischer Schäferhund**. Oertel+Spörer, Reutlingen 2013.
- Kolbe, Katrin und Lehari, Gabriele: **Nasenarbeit**. Oertel+Spörer Reutlingen 2013.
- Kolbe, Katrin: **Wie Hunde lernen**. Oertel+Spörer, Reutlingen 2016.
- Koller, Raphaela: **BARF-Rezepte**. 4. Auflage, Oertel+Spörer, Reutlingen 2015.
- Küng, Silvia: **Sozialpartner Hund**. Oertel+Spörer, Reutlingen 2016.
- Lehne, Anke: **Zeitgemäße Jagdhundeführung**. 2. Auflage, Oertel+Spörer, Reutlingen 2014.
- Müller, Anja Carmen und Lehari, Gabriele: **Der Therapiehund**. 4. Auflage, Oertel+Spörer, Reutlingen 2021.
- Nehmet, Manuela: **Beschwichtigen, Drohen oder nur Spielen?** Die Signale des Hundes richtig deuten. Oertel+Spörer, Reutlingen 2017.

- Nehmet, Manuela: **Shapen.** Positive Verstärkung in der Hundeerziehung mit Markersignalen. Oertel+Spörer, Reutlingen 2018.
- Rauth-Widmann, Brigitte: **Welpen** – Mit dem Hund durchs erste Jahr. Oertel+Spörer, Reutlingen 2010.
- Reichenbach, Uta: **Wie Hunde kommunizieren**. Oertel+Spörer, Reutlingen 2011.
- Reichenbach, Uta und Lehari, Gabriele: **Der zuverlässige Begleithund**. Von der Welpenerziehung bis zur Begleithundprüfung. 3. Auflage, Oertel+Spörer, Reutlingen 2018.
- Röthig, Doris: **Rettungshundeausbildung zur Flächensuche**. 2. Auflage, Oertel+Spörer, Reutlingen 2016.
- Schuhmeir, Wieland: **Problem Hund?** Verhaltensprobleme erkennen – lösen – vorbeugen. Oertel+Spörer, Reutlingen 2011.
- Sinner, Tanja und Lehari, Gabriele: **Obedience**. Gehorsam in Perfektion. Oertel+Spörer, Reutlingen 2010.
- Werner, Tina: **Wellness für Hunde**. Massage und Physiotherapie für jeden Tag. 2. Auflage, Oertel+Spörer, Reutlingen 2016.